高等院校数字艺术精品课程系列教材

项目式全彩慕课版

Premiere
数字影视剪辑

陈奕 韩殿元 主编／王潇荻 原艺玮 副主编

人民邮电出版社
北京

图书在版编目（CIP）数据

Premiere数字影视剪辑：项目式全彩慕课版 / 陈奕，
韩殿元主编. -- 北京：人民邮电出版社，2023.5
高等院校数字艺术精品课程系列教材
ISBN 978-7-115-61414-8

Ⅰ. ①P… Ⅱ. ①陈… ②韩… Ⅲ. ①视频编辑软件—
高等学校—教材 Ⅳ. ①TN94

中国国家版本馆CIP数据核字(2023)第047967号

内 容 提 要

本书从影视创作的行业需求和实际应用角度出发，基于数字影视剪辑的工作流程，循序渐进地讲解 Premiere Pro 在数字影视剪辑方面的基础知识与核心功能，包括数字视频基础知识、Premiere Pro 简介、基础编辑技术、制作关键帧动画视频、添加与编辑视频转场效果、制作视频特效、制作音频特效、设计字幕、导出视频、制作宣传片 10 个项目。书中案例大多来自影视传媒公司的一线商业项目，紧跟行业流行趋势，有利于提升读者的学习兴趣、实际应用能力和创作水平。

本书可作为各类院校数字媒体艺术、数字媒体技术与应用、动漫与游戏制作等影视传媒类专业以及相关培训机构的教材，也可作为影视制作爱好者的参考书。

- ◆ 主　　编　陈　奕　韩殿元
　　副 主 编　王潇荻　原艺玮
　　责任编辑　马　媛
　　责任印制　王　郁　焦志炜
- ◆ 人民邮电出版社出版发行　　北京市丰台区成寿寺路 11 号
　　邮编　100164　　电子邮件　315@ptpress.com.cn
　　网址　https://www.ptpress.com.cn
　　北京捷迅佳彩印刷有限公司印刷
- ◆ 开本：787×1092　1/16
　　印张：13　　　　　　　　　　　2023 年 5 月第 1 版
　　字数：325 千字　　　　　　　　2023 年 5 月北京第 1 次印刷

定价：69.80 元

读者服务热线：(010)81055256　印装质量热线：(010)81055316
反盗版热线：(010)81055315
广告经营许可证：京东市监广登字 20170147 号

拿起手机随手一拍，简单剪辑成短视频上传到短视频平台，已成为大众分享生活的一种流行趋势。作为 Adobe 公司开发的一款被广泛应用的视频编辑软件，Premiere Pro 几乎可以随时随地帮助用户制作出视觉效果惊人的视频。

本书全面落实党的二十大报告提出的"加快实施创新驱动发展战略。坚持面向世界科技前沿、面向经济主战场、面向国家重大需求、面向人民生命健康，加快实现高水平科技自立自强。以国家战略需求为导向，集聚力量进行原创性引领性科技攻关，坚决打赢关键核心技术攻坚战"的文件精神。

本书从影视创作的行业需求和实际应用角度出发，基于数字视频剪辑的基本工作流程，循序渐进地讲解 Premiere Pro 在数字影视剪辑方面的基础知识与核心功能。全书共 10 个项目，项目 1 为数字视频基础知识，主要介绍数字视频的基础知识和常用的视频编辑软件；项目 2 ～项目 9 分别为 Premiere Pro 简介、基础编辑技术、制作关键帧动画视频、添加与编辑视频转场效果、制作视频特效、制作音频特效、设计字幕、导出视频；项目 10 为综合实战，通过宣传片的制作，对完整的数字影视剪辑工作流程进行实战演练，有利于综合提升读者的实际应用能力和创作水平。

1 本书在各项目的开头安排了"情景引入"和"学习目标"，对各项目需要掌握的学习要点与技能目标进行提示，帮助读者厘清学习脉络，抓住重点、难点。

2 本书在正文部分通过"相关知识"讲解主要知识点，对数字影视剪辑工作流程涉及的每一项技能进行讲解。

3 本书每个项目的"项目实施"环节，通过对典型案例进行拆解，详细介绍案例的制作步骤，帮助读者强化知识体系，领会设计意图，增强实战能力。

4 本书在每个项目的最后安排了"项目扩展"，帮助读者巩固所学知识并加深理解，拓展对 Premiere Pro 的应用能力，进一步掌握符合实际工作需要的影视剪辑技术。

本书提供了立体化的教学资源，包括书中所有"项目实施"和"项目扩展"中案例的原始素材和源文件，以及高质量教学视频、精美教学课件和教案等教学文件。对于较难的知识点和操作性较强的案例，读者可以通过观看视频来强化学习效果。

本书由浙江传媒学院电影学院的陈奕、潍坊学院的韩殿元任主编，烟台职业学院的王潇荻、烟台文化旅游职业学院的原艺玮任副主编。

在编写本书的过程中，我们力求精益求精，但难免存在疏漏之处，敬请广大读者批评指正。

编　者
2023 年 1 月

目 录 ｜ C O N T E N T S ｜ I

项目1 认识基本概念——数字视频基础知识

项目2 认识剪辑软件——Premiere Pro 简介

03 项目 3　了解 Premiere 基础——基础编辑技术

04 项目 4　了解运动效果——制作关键帧动画视频

项目5　了解景别与镜头——添加与编辑视频转场效果

项目6　了解风格化调色——制作视频特效

目 录

项目 7 了解音频处理——制作音频特效

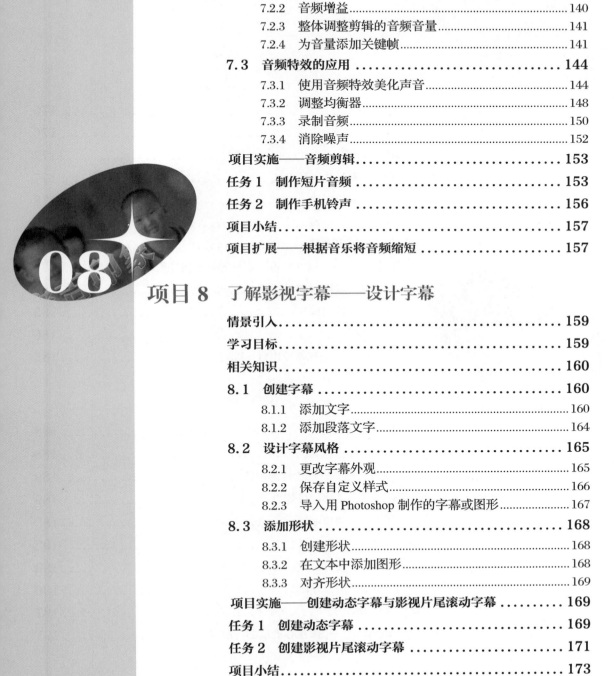

项目 8　了解影视字幕——设计字幕

认识基本概念——
数字视频基础知识

情景引入

数字视频在生活中无处不在，我们利用电子设备观看的所有视频都属于数字视频。数字视频可以在计算机网络（局域网或广域网）中传输图像数据，不受距离限制，可大幅度提高图像的品质和稳定性，十分简便、快捷。

那么，什么是数字视频？用什么软件编辑数字视频？人们常提到的帧、场、像素等专业概念是什么意思？

本项目就来介绍数字视频的基础知识。

学习目标

知识目标
- 了解非线性编辑的优缺点。
- 知道常用的数字视频编辑软件。
- 知道常用的电视制式。
- 掌握常用的数字视频编辑基础知识。

技能目标
- 熟悉数字视频编辑软件的基本功能。

素质目标
- 通过对数字视频基础知识的学习，养成缜密思考的习惯。
- 通过视频编辑基础的学习，对工作内容有初步的认知，提高系统性学习的能力。

扫码观看思维导图

扫码观看视频

相关知识

1.1 数字视频概述

数字视频，即以数字信号的形式记录的视频。数字视频有不同的产生方式、存储方式和播放方式。例如，数字视频信号通过数字摄像机直接产生，存储在存储卡、蓝光光盘或者磁盘中，可以得到不同格式的数字视频，也可以通过不同的数字设备（如计算机、数字电视、手机等）进行传输和播放。

随着数字影像技术的不断发展，数字摄像机作为视频的拍摄工具已成为主流，数字视频在影视工业流程中所占的比重越来越大。在个人计算机端和移动端，数字视频也凭借其巨大优势，不断丰富着人们的文化生活。

1.1.1 非线性编辑

非线性编辑可以实现多种格式视频对象的多元化编辑，并且能够将视频对象合成数字视频。下面介绍什么是非线性编辑。

1. 非线性编辑的概念

自 20 世纪 90 年代初起，随着计算机技术的发展，西方国家的一些媒体将数字技术与影视制作结合，开始使用计算机制作影视节目，为此发明了非线性编辑系统。非线性编辑系统的出现为电视制作者提供了一种方便、快捷、高效的编辑方法，它的诞生可以说是电视节目制作领域的一次革命。如今，非线性编辑系统不仅广泛应用于电影和电视节目的后期制作，在网络短视频创作和自媒体创作等领域也得到了广泛应用。非线性编辑系统如图 1-1 所示。

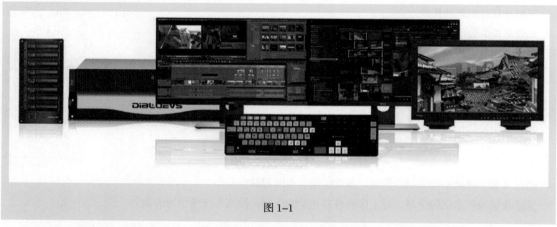

图 1-1

非线性编辑是编辑音视频的一种手段，是一种可以任意对画面的顺序进行编辑和重新组接，而不必按镜头的原本顺序编辑音视频的编辑手段。非线性编辑以视听信号能够随机记录和读取为基础，允许任意调整音视频素材的编辑顺序，无论是单个镜头还是一段镜头，都可以采用交叉跳跃的方式进行编辑，对已编辑部分的修改不影响剩余部分，无须对其后面的其他部分进行重新编辑或者再次转录。非线性编辑是传统设备同计算机技术结合的产物，它利用计算机技术数字化所有的音视频片段，并将其存储在磁盘中。通过计算机与媒体的交互性，人们可以利用存储的数字化文件，反复更新和编辑音视频。从本质上讲，这种技术提供了一种方便、快捷、高效的音视频编辑手段。

2. 非线性编辑的特点

非线性编辑的特点主要包括信号处理数字化、自由易操作以及系统集成度高。

（1）信号处理数字化。非线性编辑的技术核心是将视频信号转变为数字信号，全系统以计算机为核心，以数学技术为基础，使编辑制作进入数字化时代。数字信号的处理与模拟信号相比，有许多优点，数字信号在存储、复制和传输过程中不易受干扰，不容易失真，存储的音视频信号能高质量地长期保存和多次重放，克服了传统模拟编辑系统的致命缺陷。数字技术保证了高质量的图像，对于节目的编辑制作来说，画面的组接、声音的插入并非真实地改变表示图像以及声音数据在存储载体（硬盘或光盘）上的物理位置，只是将这些数据的地址码进行重新编排，并不涉及这些数据本身。另外，磁头本身也不与信息接触，保证了信息无损，所以无论做多少次编辑都不会影响信号的质量。编导人员利用数字信号的运算可以制作多层特技画面以及二维、三维特技效果，通过真实场景与虚拟场景的完美结合可以创造出许多以前无法想象的效果。编导人员过去难以实现的创意在非线性编辑的工作和思维方式中得以实现，同时，其构思空间也进入了一个"只有想不到，没有做不到"的新境界。

（2）自由易操作。非线性编辑能够轻松地完成插入、修改及删除等编辑任务，真正实现非线性功能，为制作者提供了更多发挥创造性思维的空间。

（3）系统集成度高。非线性编辑系统集传统的播放、录制、编辑、特效、变速、调音、字幕等设备于一身，一套非线性编辑系统几乎涵盖电影、电视的后期制作所需的所有功能，操作更加便捷，上手难度更低。硬件结构的简化也降低了整个系统的投资成本和运营成本。

1.1.2 电视制式

1. 什么是电视制式

电视制式即电视信号的制作和播放标准，可以简单地理解为用来实现电视图像或声音信号的制作和播放的一种技术标准（即一个国家或地区播放电视节目时所采用的特定制度和技术标准）。

各国或地区的电视制式不尽相同，制式的区分主要体现在其帧频（场频）的不同、分解率的不同、信号带宽以及载频的不同、色彩空间转换关系的不同等。

2. 电视制式的分类

在模拟电视信号时代，世界上主要使用的电视广播制式有 PAL、NTSC、SECAM 这 3 种。中国大部分地区使用 PAL 制式，日本、韩国与美国使用 NTSC 制式，俄罗斯则使用 SECAM 制式，如表 1-1 所示。

表 1-1　模拟电视信号时代的电视制式

电视制式	NTSC	PAL	SECAM
使用地区举例	美国、加拿大、日本、韩国	中国、德国、英国、意大利	俄罗斯、法国、埃及
帧速率（帧/秒）	30	25	25
垂直扫描线（场）	525	625	625
分辨率（像素 × 像素）	720 × 480	720 × 576	720 × 576

进入数字时代后，数字电视因其高清晰度、可存储更多的电视节目、拥有更多的用户交互功能、带有收视指南信息等优点，成为电视广播的主流发展方向。数字电视系统可以传输多种电视信号类型，如高清晰度电视（英文缩写为"HDTV"，简称"高清电视"）、标准清晰度电视（英文缩写为"SDTV"，简称"标清电视"）、互动电视等。

1.2 常用的视频编辑软件

常用的视频编辑软件有 Adobe 公司的 Premiere Pro、苹果公司的 Final Cut Pro X、Grass Valley 公司的 EDIUS 以及 Avid 公司的 Media Composer。

1. Adobe 公司的 Premiere Pro

Premiere Pro 是由美国 Adobe 公司推出的一款功能强大的视频编辑软件，Premiere Pro 2021 的"开始"界面如图 1-2 所示。Premiere Pro 是目前市场上应用非常广泛的视频编辑软件，既可以应用于微软公司的 Windows 平台中，又能在苹果公司的 macOS 平台中运行。Premiere Pro 功能齐全，对计算机配置要求较高。用户可以自定义工作界面，可以无限添加视频轨道，还可以利用"关键帧"功能，轻松制作出动感十足的视频。

Premiere Pro 主要有以下特点。

（1）Premiere Pro 是全流程的视频剪辑系统。在 Premiere Pro 中，用户可以完成从采集、剪辑、调色、调音到添加字幕、输出、DVD 刻录等一整套流程的操作。

（2）Premiere Pro 支持更加便捷的团队协作。依托 Creative Cloud，Premiere Pro 用户可以直接在 Adobe Creative Cloud 内访问 Adobe 家族的所有资源，如动态图形模板。其内容可在桌面、移动设备和其他应用程序（如 Photoshop、After Effects）间紧密相连。依托 Adobe Anywhere，编辑视频时，用户可以交替进行处理，可实现多人在任意时间、任意地点同时处理同一个视频。

（3）Premiere Pro 可以讲述更加引人入胜的故事。Premiere Pro 是适用于电影、电视和互联网领域的业界领先的视频编辑软件。多种创意工具、与其他 Adobe 应用程序和服务的紧密集成以及 Adobe Sensei 的强大功能可以将素材打造为精美的影片和视频。借助 Premiere Pro Rush，用户可以在任何设备中创建和编辑新的工作项目。

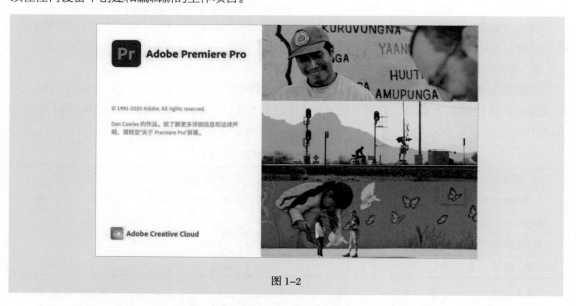

图 1-2

当然，Premiere Pro 也有一些缺点和不足，如对计算机的硬件要求较高，且要求使用者具有一定的视频编辑常识。如果计算机配置低，软件运行会非常慢，有些特效的渲染也不容易完成。计算机配置不高的用户，可以使用早期的 Premiere Pro CS6 版本或者 Premiere Pro CC 版本。

2. 苹果公司的 Final Cut Pro X

Final Cut Pro X，是由苹果公司开发的一款运行在 macOS 平台上的编辑软件，如图 1-3 所示。从开始到输出成片所需的剪辑工具，Final Cut Pro X 一应俱全。其创新的功能和直观的界面设计，使后期制作工作的效率得以进一步提升。因此，借助该软件，剪辑师们能抓住稍纵即逝的灵感，挥洒自如地创作出心目中的满意作品。

Final Cut Pro X 主要有以下特点。

（1）简单易用，可视化程度比较高，适合刚入门的视频工作者使用。

（2）结合苹果公司研发的 Pro Res 视频编码使用时，运行流畅，后台渲染能够做到实时预览。

（3）与调色软件的交互性好，能够更好地衔接剪辑和调色流程。

（4）具有内容自动分析功能。载入视频素材后，系统可在用户进行编辑的过程中，自动在后台对素材进行分析，根据媒体属性标签、摄像机数据、镜头类型，乃至画面中包含的元素进行归类整理。

3. Grass Valley 公司的 EDIUS

EDIUS 是美国 Grass Valley 公司发行的优秀的非线性编辑软件，如图 1-4 所示，专为广播和后期制作环境设计。EDIUS 提供了完善的基于文件工作流程的实时、多轨道、多格式混编、合成、色键、字幕和时间线输出功能。EDIUS 支持所有 DV、HDV 摄像机和录像机。在视频素材支持方面，除了标准的 EDIUS 系列格式外，还支持 Infinity JPEG2000、DVCPRO、P2、VariCam、MXF 和 XDCAM EX 格式的视频素材。

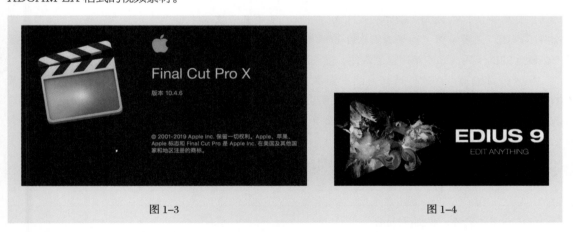

图 1-3   图 1-4

EDIUS 主要有以下特点。

（1）具有人性化的界面，拥有较多的快捷键，操作简单，易上手。

（2）具有较好的兼容性，支持的插件较多，对机器的配置要求较低。

（3）不仅支持的视频格式多，还对新格式的更新较快。这种优势不仅体现在输入、编辑阶段，还体现在输出、交付阶段。

4. Avid 公司的 Media Composer

Media Composer 是 Avid 公司提供的一款为从事后期制作的专业人员设计的剪辑软件，如图 1-5 所示。依托 Avid 公司全系列的软件和硬件产品，它不仅可以满足专业影视工业流程的需要，还可帮助中小工作室及自媒体作者提升工作效率。

Media Composer 主要有以下特点。

（1）软件功能全面，流程清晰明了。

图 1-5

（2）拥有自己的视频编码 DNxHD/DNxHR，后台自动转码，提高了编辑的流畅性，从而提高了工作效率。

（3）拥有较强的稳定性和扩展性，能够满足全流程的影视项目的制作要求。

当然，市面上的非线性编辑软件还有很多，例如索尼公司的 Sony Vegas、Corel 公司的会声会影 Video Studio Pro 系列、品尼高公司的 Edition 和 Studio 系列以及字节跳动旗下的剪映等。从读者的角度来讲，视频编辑软件的操作大同小异，使用哪一款软件或者某一软件的哪一个版本，其实并不重要，只要掌握了视频编辑软件的基本原理和操作技能，就可以制作出好的作品。熟练掌握一款软件的操作后，即使使用其他软件，学习起来也非常简单、容易。

初学视频编辑，在软件选择方面不要贪多，也不必追求软件的最新版本。考虑到大多数读者的硬件学习环境，以及教学的方便，本书所讲授的软件内容和教学案例都基于 Windows 平台中的 Premiere Pro。

🎯 项目实施——了解视频编辑基础知识

任务 1　学会分辨帧和场

任务目标：了解帧和场的概念与特点，学会分辨帧和场。

扫码观看视频

　　视频编辑又称视频剪辑，是指利用视频编辑软件，对视频素材进行切割、合并，通过二次编码，生成具有不同表现力的新视频的过程。在这个过程中，可以加入图片、背景音乐、特效、场景等素材与视频进行混合，以实现不同需求。

如今，视频编辑已经不是电视、电影从业者的专属技能了，网络视频博主、自媒体作者也需要掌握视频编辑。

视频编辑是一项系统的工作，视频剪辑师不仅要掌握软件的使用方法，还要掌握与数字视频相关的各类基础知识。本任务将带大家了解与视频编辑相关的一些基础知识和常用名词。

1. 帧

帧（Frame）指的是影像中最小单位的单幅影像画面。在早期电影胶片中，一个镜头就是一帧，一帧就是一幅静止的画面，连续的帧形成动态影片。通常，每秒播放的帧数称为帧速率，单位是"帧/秒"，指的是 1 秒内显示的单幅画面数量。帧速率越高，画面越流畅，所显示的动作也会越自然。

图 1-6

在 Premiere Pro 中选择菜单栏的"文件→新建→序列"命令，在打开的对话框的"设置"选项卡中可以通过"时基"选项对帧速率进行设置，如图 1-6 所示。

2. 场

场（Field）等同于视频扫描的方式，视频扫描方式分为隔行扫描（Interlace Scanning）和逐行扫描（Progressive Scanning）。

隔行扫描：前一帧视频只有上半部分画面，后一帧视频只有下半部分画面；这种视频在计算机上观看，会有"水波纹"或"锯齿状态"出现。

逐行扫描：每一帧都是完整的画面。

电视的每一帧画面是由若干条水平方向的扫描线组成的，PAL 制式为 625 行/帧，NTSC 制式为 525 行/帧。如果每一帧画面的所有行都是通过连续扫描完成的，则这种扫描方式称为逐行扫描，在电视的标准显示模式中用"p"来表示，如 1080p25 指的是分辨率是 1920 像素 ×1080 像素、逐行扫描、25 帧/秒的视频文件。

但是，为了节省带宽和传输更多的帧数，通常普通电视采用隔行扫描的方式进行播放。隔行扫描电视的标准显示模式用"i"来表示。隔行扫描一帧需要扫描两遍，第一遍只扫描奇数行，第二遍只扫描偶数行，一幅只显示奇数行或者偶数行的画面称为一"场"。其中，只含有奇数场画面的被称为奇数场或者上场（Top Field），只含有偶数场画面的被称为偶数场或者下场（Bottom Field）。一个奇数场加一个偶数场组成一个完整的帧。例如，1080i25（50i）指的是分辨率是 1920 像素 ×1080 像素、隔行扫描、25 帧/秒（奇数场和偶数场各 25 个，一共 50 场）的视频文件。

在 Premiere Pro 中选择菜单栏的"文件→新建→序列"命令，可以查看扫描方式，如图 1-7 所示。

图 1-7

任务 2　了解像素宽高比、项目以及序列

任务目标： 了解像素宽高比、项目以及序列。

扫码观看视频

1. 像素宽高比

像素（Pixel）是组成图像的最小单位，无论是电影、电视，还是数字视频和图片，所显示的图像都是像素的集合，像素依照某种算法组合显示，构成一幅图像。每个像素都有明暗和色彩信息，单位范围内像素越多，显示的亮度和色彩信息就越多。

像素宽高比（Pixel Aspect Ratio，PAR）又称像素比，是像素的宽度与高度的比。在计算机中，单个像素的基础形状是正方形，像素宽高比也就是 1 ： 1=1，对于 PAL 制式的电视来讲，它规定每帧的扫描行数为 625 行，用于扫描图像的有效行数为 576 行。按照 4 ： 3 的屏幕比例，如果把像素看作方形，一帧图像在水平方向上就应该有 576 像素 ×（4÷3）=768 像素。

所以 PAL 制式的实际尺寸是 768 像素 ×576 像素，NTSC 制式是 640 像素 ×486 像素，但是电视厂商为了统一制式标准，将 D1/DVPAL 制式统一为 720 像素 ×576 像素，将 NTSC 制式统一为 720 像素 ×486 像素。

但实际播放时，720 像素的画面比 768 像素窄，为了使 720 像素和 768 像素的画面看起来一样宽，唯一的办法就是把单个像素按照一定比例拉长，画面的像素宽高比则为 768 像素 /720 像素约等于 1.067。

我国大部分地区电视制式使用 PAL 制式，统一使用的像素比是 1.07，而 Adobe 则规范 D1/DVPAL 制式 4 ： 3 画幅的像素比为 1.09，图 1-8 为 Premiere Pro 中 DVPAL 制式的预设信息。

图 1-8

2. 项目和序列

项目和序列是 Premiere Pro 工作的基本载体。在进行视频剪辑前，都要先创建一个项目。项目中包含用户所使用的所有图片、视频、音乐等素材资源，用户为剪辑而建立的每个序列，以及用户设置的编辑决策和效果等关键数据。项目中存储与序列和资源有关的信息，如捕捉、过渡和音频混合的设置；项目文件包含来自所有编辑决策的数据，如剪辑的入点和出点以及每个效果的参数。当项目开始时，Premiere Pro 会在计算机磁盘中创建一个文件夹。默认情况下，其用于存储捕捉到的文件、创建的预览和匹配音频及项目文件本身。

对于用户创建的每个项目，Premiere Pro 都会创建一个项目文件。Premiere Pro 不会将视频、音频和静止图像文件存储在项目文件中，只存储对这些文件的引用，即剪辑（基于导入时该文件的文件名和位置）。如果用户移动、重命名或删除了源文件，当用户下次打开项目时，则会显示离线文件，需要重新链接媒体。这种情况下，Premiere Pro 会弹出"链接媒体"对话框，提醒"缺少这些剪辑的媒体"，要求查找素材或者选择脱机操作，如图 1-9 所示。

图 1-9

默认情况下，每个项目都包括一个"项目"面板，作为项目中使用的所有剪辑的存储区域。用户可以使用"项目"面板中的素材箱来组织项目的媒体素材和序列。

序列是一组单独的编辑单元，是将项目中的不同素材按照一定的导演意图，依据出场的先后顺序排列而成的时间线。图 1-10 所示的是一个名为 PPW（Resolve）的合成序列。一个项目可以包含多个序列，所有的序列共享所有的时基，项目中各序列的设置可以彼此不同。

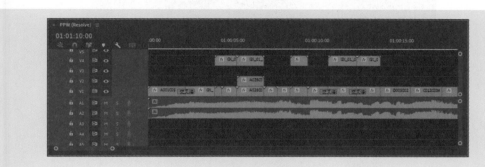

图 1-10

序列也是项目的素材资源，可以将一个序列作为素材插入其他序列中，形成序列嵌套。可以像操作其他素材一样，对嵌套序列素材进行选择、移动、剪辑并增添效果。同样，依据对序列的不同设置，可以在同一个项目中存储一个序列的多个变体。在影片的制作过程中，可将单个片段编辑为单独的序列，然后通过将这些片段嵌套到更长的序列中，将它们合并为最终的影片。

项目小结

通过本项目的学习，读者需要了解并掌握以下两点。

（1）非线性编辑能将视频对象合成数字视频；电视制式包括 PAL、NTSC、SECAN 这 3 种。

（2）常见的视频编辑软件有 Adobe 公司的 Premiere Pro、苹果公司的 Final Cut Pro X、Grass Valley 公司的 EDIUS 等。

10

项目扩展——新建项目和设置序列

（1）启动 Premiere Pro，新建一个名称为 My Project 的项目，如图 1-11 所示。

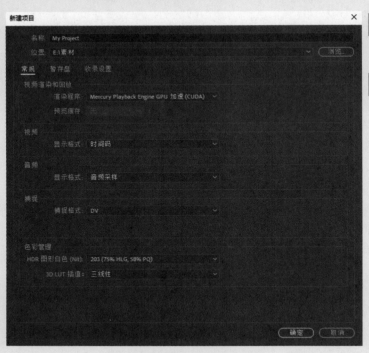

扫码观看视频

图 1-11

（2）选择"DV-PAL →标准 48kHz"模式，并完成设置，如图 1-12 所示。

图 1-12

认识剪辑软件——
Premiere Pro 简介

情景引入

　　我们在编辑视频时通常会用到很多剪辑软件，Premiere Pro 是我们常用的剪辑软件。Premiere Pro 与其他剪辑软件不同，适用范围比较广泛，例如剪辑操作简单、容易上手，适合喜欢拍摄短视频的人群，Final Cut Pro X 虽然是专业的剪辑软件，但是对计算机有一定的要求。

　　Premiere Pro 是视频编辑爱好者和专业人士常用的编辑工具之一。Premiere Pro 提供采集、剪辑、调色、美化音频、添加字幕、快速输出、DVD 刻录的一整套流程，满足用户创作高质量作品的要求。并且 Premiere Pro 是一款易学、高效、精确的视频编辑软件。

　　那么，Premiere Pro 的工作界面是什么样的？它是如何编辑数字视频的？数字视频编辑的工作流程是什么？

　　本项目以 Premiere Pro 2021 为例，对 Premiere Pro 的工作界面进行介绍，同时，带领大家熟悉数字视频编辑的基本流程。通过本项目的学习，读者可以熟悉 Premiere Pro 的工作界面，学会自定义工作区，掌握常用的软件操作。

学习目标

知识目标
- 掌握加载和新建工作区的方法。
- 熟练掌握项目的创建方法。
- 掌握素材的导入方法。
- 熟悉素材的基本编辑方法。

技能目标
- 掌握工作区中工具的使用方法。
- 掌握渲染和输出方法。
- 了解软件的工作界面。

素质目标
- 夯实理论功底，培养乐于钻研的精神。
- 学习数字视频编辑的基本流程，对工作流程有基本的认知。

扫码观看思维导图

扫码观看视频

相关知识

2.1　Premiere Pro 工作界面

　　熟悉 Premiere Pro 的工作界面，熟练掌握工作界面的基本操作，是学习 Premiere Pro 的基础，有助于初学者日后得心应手地操作软件。

2.1.1　工作界面概述

　　Premiere Pro 的工作界面主要由标题栏、菜单栏及工作区构成，如图 2-1 所示。

　　标题栏和菜单栏在工作界面的最上方，标题栏显示 Premiere Pro 的版本以及项目文件存储的具体路径。

　　Premiere Pro 的操作都可以通过选择菜单栏中的命令来实现。菜单栏主要由 9 个部分组成，分别是"文件""编辑""剪辑""序列""标记""图形""视图""窗口""帮助"。Premiere Pro 中的所有操作命令都包含在这些菜单和其子菜单中，如图 2-2 所示。

扫码观看视频

13

图 2-1

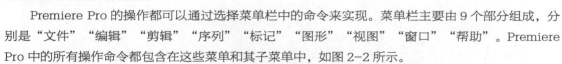

图 2-2

2.1.2　工作区

在 Premiere Pro 中，各个窗口和面板的组合称为工作区。默认的工作区是"编辑"工作区，用户可以根据项目需要选择软件内置的不同的工作区，同时，用户可以自由编辑工作区中各窗口和面板的位置和大小，以适应不同的操作习惯和项目需求。

在项目开始之前，要了解 Premiere Pro 工作区中常用的窗口和面板，本小节将以"编辑"工作区为例，介绍组成 Premiere Pro 工作区中的各个窗口和面板。

Premiere Pro 工作区中的各个窗口和面板如图 2-3 所示，分为：①编辑工作区、②主页、③控制面板组（包括"媒体浏览器"面板、"信息"面板、"历史记录"面板、"效果"面板、"效果控件"面板、"音频剪辑混合器"面板等）、④源监视器窗口、⑤节目监视器窗口、⑥项目窗口、⑦工具面板、⑧序列、⑨时间线窗口、⑩主音频仪表窗口。

图 2-3

下面介绍主要的窗口和面板。

1. 编辑工作区

工作区内的每一个项目都显示在编辑工作区的面板中，多个面板可以被合并在一个框架中，在合并多个面板时，可能无法看到所有的面板，但此时会显示一个隐藏的面板菜单按钮。单击该面板菜单按钮，可以访问框架中的隐藏面板，如图 2-4 所示。

2. 项目窗口

项目窗口主要用于导入、存放和管理素材，项目在这里组织到项目媒体文件的链接。这些媒体文件包括视频文件、音频文件、图形、静止图像和序列。可以通过素材箱来组织视频。素材箱与文件夹类似，可以将一个素材箱放到另一个素材箱中，以方便对媒体素材进行高级管理，如图 2-5 所示。

3. 源监视器窗口和节目监视器窗口

图 2-6 中，左边为源监视器窗口，右边为节目监视器窗口。源监视器窗口主要用来预览或裁剪项目窗口选定的某一源素材；节目监视器窗口主要用来预览序列和时间线窗口中正在编辑的素材，也是最终输出视频效果的预览窗口。

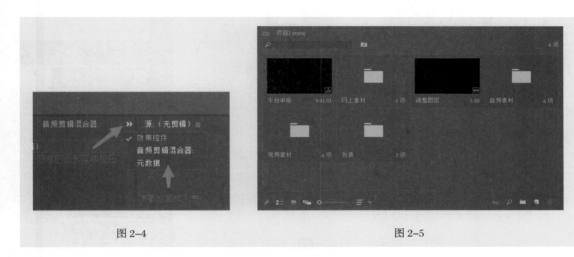

图 2-4   图 2-5

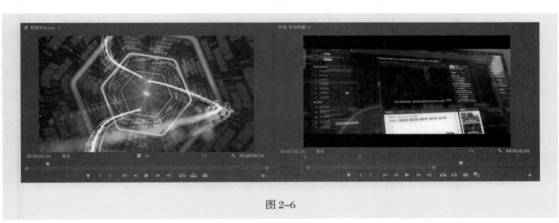

图 2-6

4. 序列和时间线窗口

序列和时间线窗口是以轨道的形式对视频、音频进行编辑的主要窗口，大部分的编辑工作在这里完成。素材片段按照播放的先后顺序以及合成的先后顺序在时间线上从左至右、由上而下排列在各自的轨道上，可以使用各种编辑工具对素材进行编辑操作，也可查看并处理序列（即一起进行编辑的视频片段）。时间线分为上下两个区域，上方为时间显示区，下方为轨道区，如图 2-7 所示。

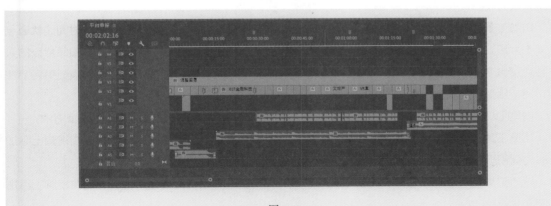

图 2-7

5. 工具面板

工具面板是 Premiere Pro 剪辑视频的重要组成部分，面板中每个图标代表在时间线上执行某个特定功能的工具，如图 2-8 所示。

一旦选中某个工具，将鼠标指针放置到时间线窗口中时，会显示此工具的图标外形，并可使用相应的编辑功能。常用工具的功能介绍如下。

图 2-8

选择工具：使用选择工具，在时间线窗口中的某个素材片段上单击，可以选中该片段；也可以按住鼠标左键拖曳鼠标选择多个素材片段。选择素材片段后，使用选择工具拖曳素材片段，可以改变素材在时间线上的位置。

向前选择轨道工具与向后选择轨道工具：选择向前选择轨道工具，可以选择序列中位于光标右侧的所有剪辑；选择向后选择轨道工具，可以选择序列中位于光标左侧的所有剪辑。如果按住 Shift 键，可以变为多轨道选择工具，这时可以同时对多轨道进行操作。

波纹编辑工具：选择该工具，在时间线窗口中向左、向右拖曳两个素材片段的边缘，可以修剪掉不需要的部分。通过节目监视器窗口可以直接观看修剪后的效果。其中，左侧图表示交界处前面素材的出点帧，右侧图表示交界处后面素材的入点帧。

滚动编辑工具：选择该工具，在时间线窗口中向左、向右拖曳两个素材片段的边缘，可以修剪掉不需要的部分，通过节目监视器窗口可以直接观看修剪后的效果。与波纹编辑工具不同的是，用此工具修剪后的素材片段的长度会发生改变，而项目总长度不变。当素材被修剪到原始素材的开始或结尾时，将不能再进行修剪。

比率拉伸工具：选择该工具，在原始素材的边缘按住鼠标左键拖曳鼠标，可以改变原始素材的时间长度，从而调整素材片段的播放速率，以满足用户的需求。

剃刀工具：选择该工具，在素材片段上单击，可以将素材片段切割成两部分。

外滑工具：选择该工具，按住鼠标左键拖曳时间线轨道上的某个片段，可以同时改变该片段的出点和入点，而片段长度不变，前提是出点后和入点前有必要的余量供调节使用。同时，相邻片段的出入点及影片长度不变。

内滑工具：内滑工具和外滑工具正好相反，选择内滑工具，按住鼠标左键拖曳时间线轨道上的某个片段，被拖曳的片段的出点、入点和长度不变，而前一相邻片段的出点与后一相邻片段的入点随之发生变化，前提是前一相邻片段的出点后与后一相邻片段的入点前要有必要的余量供调节使用，调节后影片的长度不变。

钢笔工具：使用该工具可以调节关键帧节点，调节这些关键帧可以满足影片的编辑需求。

矩形工具：选择该工具，可在项目中新建一个矩形素材或矩形边框素材，方便在视频上添加矩形边框和矩形。

椭圆工具：选择该工具，可在项目中新建一个椭圆素材或椭圆边框素材，方便在视频上添加椭圆边框和椭圆。

手形工具：选择该工具，按住鼠标左键，在时间线窗口中移动鼠标指针，可以平移时间线窗口中的内容，方便用户查看时间线上的素材内容。

缩放工具：该工具用于缩小或放大时间线窗口中显示的时间单位。

文字工具：该工具用于项目中文字的添加。

垂直文字工具：该工具用于在项目中添加垂直方向的文字。

6. 控制面板组

控制面板组中包含一些独立的控制面板，每一个面板都有其不同的作用。这些面板可以在工作区中自由组合和排列。选中面板，按住鼠标左键拖曳鼠标，即可移动面板。

2.2　优化设置

Premiere Pro 提供了一系列优化设置，帮助用户充分利用 Premiere Pro 的功能。作为项目开始前的准备工作，用户需要修改以下的两处设置。

1. 首选项

用户可以选择菜单栏中的"编辑→首选项"命令，如图 2-9 所示，在弹出的"首选项"子菜单中选择某个命令，如图 2-10 所示，将弹出"首选项"对话框。

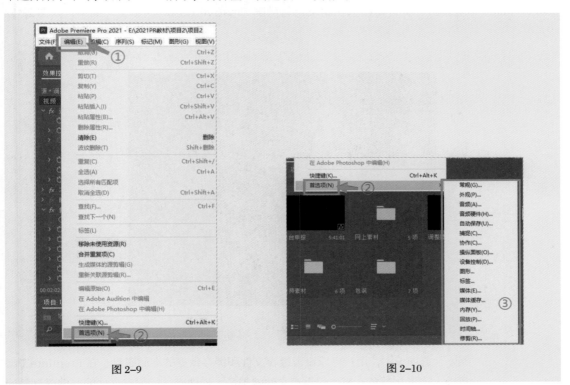

图 2-9　　　　　　　　　　　　　　　　　　图 2-10

"首选项"对话框中包含一些与项目相关的设置，如图 2-11 所示。修改这些设置，可以使 Premiere Pro 运行得更加流畅，下面介绍几个必要的设置。

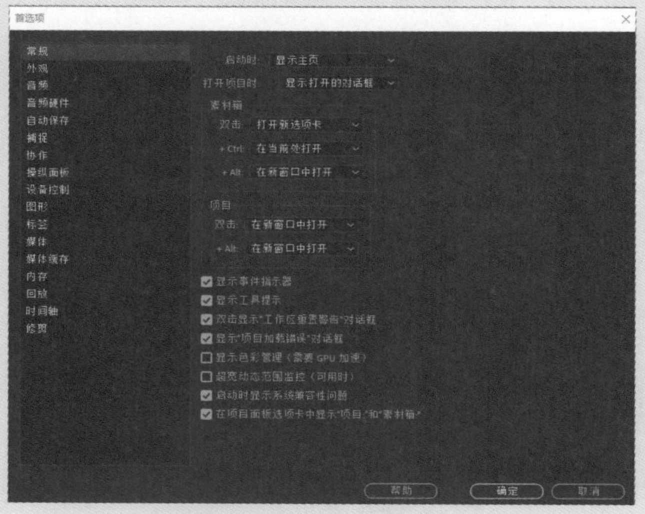

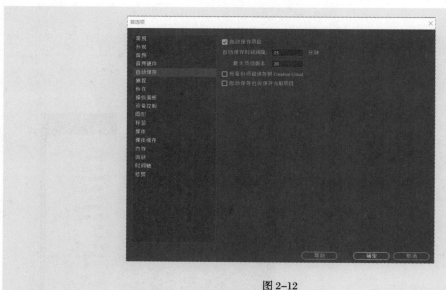

图 2-11

18

自动保存：这是项目开始前必要的设置之一，勾选"自动保存项目"复选框，可以在软件出现问题崩溃或者断电时，自动保存任务，防止项目丢失，节约时间成本。用户可以自由设定自动保存的时间和项目条数，并且可以选择将项目备份到 Creative Cloud 共享文件夹中，如图 2-12 所示。

图 2-12

媒体：在"媒体"选项卡中，用户可以设置缓存文件和缓存数据的存储磁盘。在 Premiere Pro 运行过程中，项目导入的素材越多，产生的缓存文件就越多。软件默认的缓存文件的存储磁盘是计算机的系统盘，缓存文件过多地占用系统盘的空间，会降低软件运行时的性能。项目开始时，需要把媒体缓存文件的存储位置设置在非系统盘，这样能有效保证软件运行的流畅性。

在"媒体"选项卡中，用户还可以选择是否写入和链接 XMP（可扩展元数据平台）、是否启用代理、是否加速 H.264 解码、是否刷新生成文件。用户通过这些设置，可以更加便捷地使用 Premiere Pro 进行音视频项目的编辑工作，如图 2-13 所示。

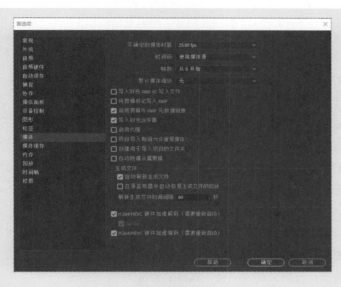

图 2-13

内存：通过"内存"选项卡，用户可以指定保留用于其他应用程序和 Premiere Pro 的内存量。例如，当用户减少保留用于其他应用程序的内存量时，可用于 Premiere Pro 的内存量将增加。

某些序列（如包含高分辨率源视频或静止图像的序列）需要大量内存来同时渲染多个帧。这些资源可能会强制 Premiere Pro 取消渲染并发出"低内存警告"。在这种情况下，用户可以将"优化渲染为"下拉列表中的选项从"性能"更改为"内存"，最大限度地提高可用内存。当渲染不再需要内存优化时，可以将此下拉列表中的选项改回"性能"，如图 2-14 所示。

图 2-14

通过 Premiere Pro 的"首选项"对话框，用户还可以设置软件的外观、音频、同步、回放等选项。通过这些选项的设置，可以提高后期项目编辑的效率。

2. 项目设置

用户可以选择菜单栏中的"文件→项目设置→常规"命令或"文件→项目设置→暂存盘"命令，如图 2-15 所示打开"项目设置"对话框。

在弹出的"项目设置"对话框中，用户可以在"常规"选项卡中"视频渲染和回放"选项组中的"渲染程序"下拉列表中选择适合自身的渲染方式，如图 2-16 所示。如果计算机的显卡支持GPU加速，则推荐选择GPU加速，这样会让编辑工作更加流畅；如果显卡不支持，则选择软件渲染。

同时，在"项目设置"对话框中，用户还可以在"暂存盘"选项卡中修改相关媒体的暂存位置，可以与项目的存储位置相同，也可以自定义存储路径。其目的也是减少计算机系统盘的压力，从而获得更加流畅的软件运行效果，如图 2-17 所示。

除了以上两处修改外，在剪辑过程中，如遇到预览卡顿的情况，用户还可以在源监视器窗口和节目监视器窗口中，通过降低预览分辨率的方法，使预览更加流畅，如图 2-18 所示。

图 2-15

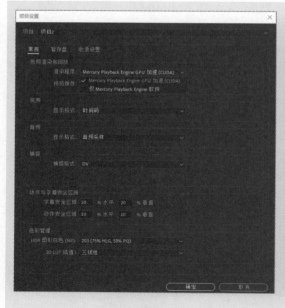

图 2-16

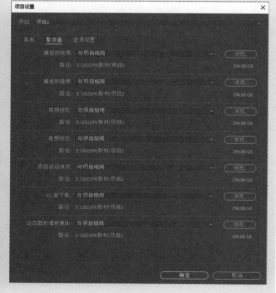

图 2-17

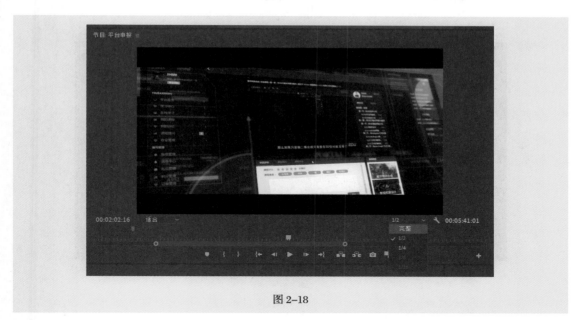

图 2-18

项目实施——了解 Premiere Pro 的工作流程

下面介绍 Premiere Pro 的工作流程中的主要操作。

任务 1   新建项目、序列

任务目标：掌握 Premiere Pro 的工作流程，知道从视频素材文件到可观看的成片的制作过程。

素材文件：本任务所需的素材文件位于"项目 2\ 任务 1   新建项目、序列"文件夹中，包含"视频"和"音频"文件。

扫码观看视频

作为一款非线性编辑软件，Premiere Pro 有完整的工作流程。本任务介绍从新建项目、导入媒体到编辑素材和渲染输出的完整流程。通过本任务的学习，大家将了解编辑一个简单视频的流程。

1. 新建项目

下面介绍新建项目的流程。

（1）首次启动 Premiere Pro 时，会进入"开始"界面，如图 2-19 所示。如果之前打开过 Premiere Pro 项目文件，则会在"开始"界面的中间显示一个列表，显示之前打开过的项目文件，如图 2-20 所示。

（2）界面左侧的选项可以用来查看存储在本地的最近项目，或者查看文件夹中云同步之后的项目。如果在多台计算机上工作，则同步用户项目。可以创建一个新项目，也可以通过浏览存储驱动器中的项目文件，或者在最近的项目列表中单击项目名称，打开一个已有的项目。

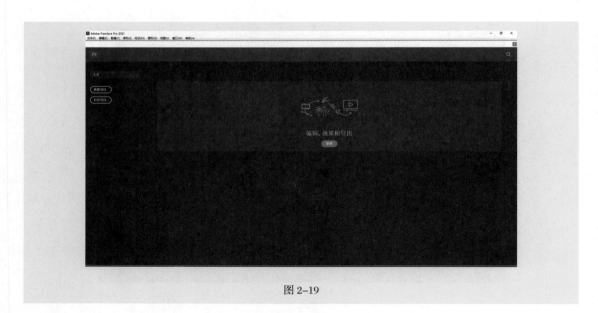

图 2-19

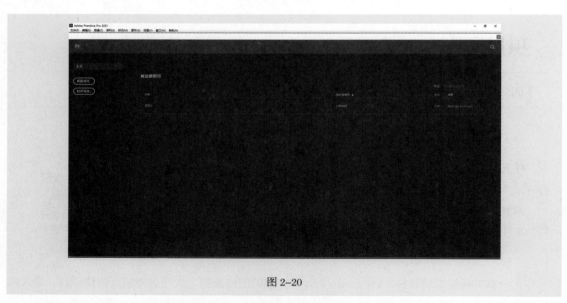

图 2-20

（3）用户可以单击"新建项目"按钮，弹出"新建项目"对话框，如图 2-21 所示。在此对话框中用户可以设置项目名称、项目存储位置、常规选项、暂存盘选项、收录设置（与"项目设置"对话框相同）。

（4）设置完成后，单击"确定"按钮，项目创建完成，进入工作区。进入工作区后，可以先按照 2.2 节的知识进行项目优化设置。

用户也可以选择菜单栏中的"文件→新建→项目"命令，新建项目。

2. 新建序列

新建项目完成后，开始新建序列。

（1）优化设置完成后，选择菜单栏中的"文件→新建→序列"命令，如图 2-22 所示，弹出"新建序列"对话框。

图 2-21

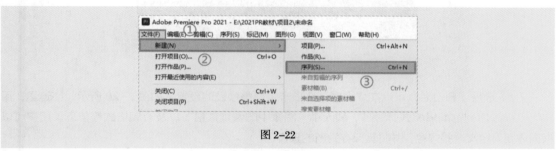

图 2-22

（2）除了上述操作外，用户也可以通过在项目窗口单击鼠标右键，在弹出的快捷菜单中选择"新建项目→序列"命令新建一个序列，如图 2-23 所示；或者通过单击项目窗口右下方的"新建项"按钮▣，在弹出的菜单中选择"序列"命令新建一个序列，如图 2-24 所示。

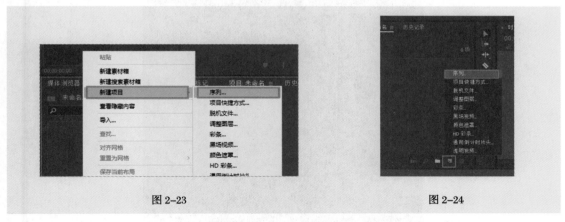

图 2-23   图 2-24

（3）在"新建序列"对话框中有 4 个选项卡，分别是"序列预设""设置""轨道""VR 视频"，如图 2-25 所示。"序列预设"选项卡中的选项让设置新序列变得更简单。Premiere Pro 为用户提供了大量的预设配置选项，这些设置是根据摄像机格式来组织的（具体设置位于一个文件夹中，而该文件夹以录制格式命名）。在右侧的"预设描述"文本框中，可以查看预设信息，用户可以根据需要选择合适的预设。

图 2-25

（4）选择了预设后，可以在"设置"选项卡中调整预设的设置，如图 2-26 所示。在这里，用户可以修改序列的编辑模式、时基、帧大小（图像中的像素数量）以及音频格式等信息。用户可以根据需要自定义这些内容，并将其保存为新的预设。

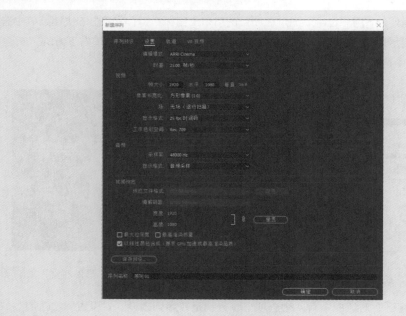

图 2-26

（5）"新建序列"对话框中的"轨道"选项卡允许用户为新序列预先设置轨道类型。所有音频轨道会同时播放，可以用来创建一个完整的音频混合。要创建一个音频混合，只需将音频剪辑放在不同的轨道上，按照时间顺序进行排列。可以将叙述、言论摘要、声音效果和音乐放在不同轨道上进行组织；也可以重命名轨道，从而帮助用户更容易地在更加复杂的序列中进行精确查找。Premiere Pro 可以在创建序列时指定要包含的视频和音频轨道的数量，如图 2-27 所示。

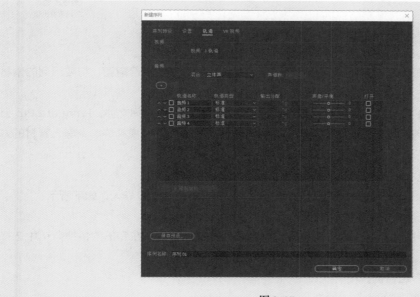

图 2-27

（6）"新建序列"对话框中的"VR 视频"选项卡需要先在"序列预设"选项卡中选择所需的 VR 预设，若需要调整，可以在"VR 视频"选项卡中调整预设的设置，如图 2-28 所示。

图 2-28

任务 2　导入素材

任务目标： 学习如何将素材导入 Premiere Pro 中进行编辑。

素材文件： 本任务所需的素材文件位于"项目 2\ 任务 2　导入素材"文件夹中，包含"视频"和"音频"文件。

扫码观看视频

序列设置完成后，即可导入素材。一般需要在项目开始之前，根据项目需要，将要用到的素材收集到一处，建立清晰的文件夹体系，方便剪辑时调用。

一般素材类型有以下几种：视频素材、音频素材、图片素材、图像序列文件、Premiere Pro 自带素材（包括彩条、黑场、颜色遮罩、调整图层、通用倒计时片头、透明视频等）。导入素材的方法大致相同，主要有以下几种。

1. 导入常规素材

音频素材、视频素材以及图片素材属于常规素材，一般有 4 种方法可以导入，如下所示。

（1）选择菜单栏中的"文件→导入"命令。

（2）在项目窗口空白处双击；或在项目窗口空白处单击鼠标右键，在弹出的快捷菜单中选择"导入"命令。

（3）使用"Ctrl+I"组合键。

以上 3 种方法都可弹出"导入"对话框。

（4）在"媒体浏览器"面板中，通过文件路径找到所需的素材。

通过"导入"对话框或者"媒体浏览器"面板在计算机硬盘中找到编辑影片所需要的素材文件，选中后单击"打开"按钮（或者直接双击该素材文件），该素材会被自动导入项目窗口中（也可以选中素材文件后直接将其拖曳到项目窗口中），如图 2-29 所示。

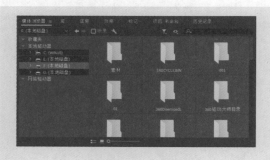

图 2-29

如果多个素材在一个文件夹中，可以选中这个文件夹，将其直接导入项目窗口中。

注意

如果素材类型比较多，还可以先在项目窗口中根据将要导入的素材类型建立不同名称的素材箱，这样，导入素材的时候就可以分类导入对应的文件夹中，如图 2-30 所示。

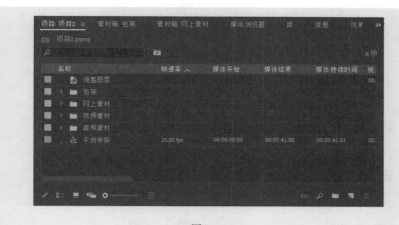

图 2-30

在导入静止图像时，可以通过选择菜单栏中的"编辑→首选项→常规"命令，在弹出的"首选项"对话框中的"时间轴"选项卡中设置导入的静止图像（图片或字幕）在时间线轨道上的持续时间。Premiere Pro 静止图像的默认持续时间是 125 帧（5 秒），可以通过调整"静止图像默认持续时间"选项的数值来修改静止图像在时间线轨道上的默认长度，如图 2-31 所示。

27

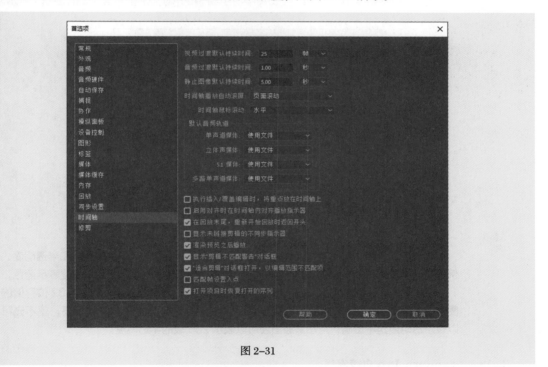

图 2-31

2. 导入图像序列素材

图像序列又称序列帧，是一种特殊的素材文件，是由若干相同格式的单帧图像文件组成，有着统一编号或者文件名顺序的动画文件（如三维软件输出的带有 Alpha 通道的序列动画文件）。导入这类素材的方法与导入单张图片的方法类似，都需要在"导入"对话框中进行，选中第一个图片文件，勾选对话框下方的"图像序列"复选框，单击"打开"按钮，如图 2-32 所示。

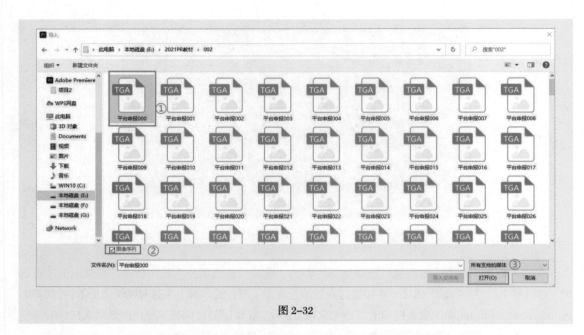

图 2-32

图像序列文件被导入项目窗口中，自动合成一个可供编辑的视频动画文件，如图 2-33 所示。

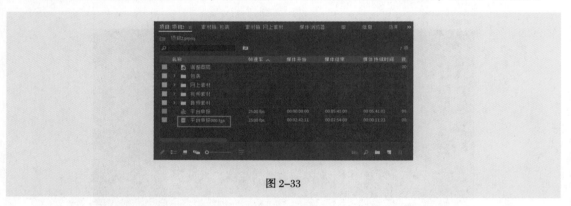

图 2-33

【Alpha 通道】：阿尔法通道（Alpha Channel）是指一张图片的透明和半透明度。例如，一个使用 16 位存储的图片，可能 5 位表示红色，5 位表示绿色，5 位表示蓝色，1 位是阿尔法。在这种情况下，它要么表示透明要么表示不透明。一个使用 32 位存储的图片，各用 8 位表示红通道、绿通道、蓝通道和阿尔法通道。在这种情况下，就不光可以表示透明还是不透明，阿尔法通道还可以表示 256 级的半透明度。

3. 导入 Premiere Pro 自带素材

在 Premiere Pro 中导入彩条、黑场、颜色遮罩、通用倒计时片头等自带素材的方法，跟新建序列的方法大致相同。例如，新建通用倒计时片头可以通过选择菜单栏中的"文件→新建→通用倒计时片头"命令来完成，如图 2-34 所示；或者通过在项目窗口中单击鼠标右键，在弹出的快捷菜单中选择"新建项目→通用倒计时片头"命令来完成，如图 2-35 所示；或者单击项目窗口右下方的"新建项"按钮，在弹出的菜单中选择"通用倒计时片头"命令来完成，如图 2-36 所示。

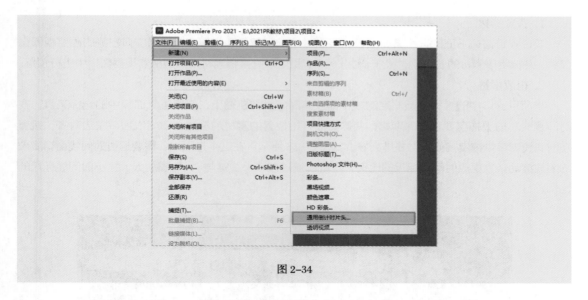

图 2-34

图 2-35　　　　　　　　　　　　　　　图 2-36

　　Premiere Pro 还可以通过采集的方式获取拍摄的素材，采集的具体方式与技巧在此不详述。素材被导入项目窗口中后，在编辑前可以预览。预览可以在项目窗口的预览区进行，也可以在监视器窗口中进行。

任务 3　编辑素材

　　任务目标：学习使用 Premiere Pro 编辑素材的基本方式和基本操作。

扫码观看视频

　　编辑素材即按照影片播放的内容，将项目窗口中的素材一个个组接起来。编辑素材主要有以下操作。

1. 预览素材

双击项目窗口下面的某个素材图标,该素材第一帧图像即出现在监视器窗口左侧的源监视器窗口中,并标明该素材的长度(时:分:秒:帧),也可以直接将素材拖曳到源监视器窗口中进行预览。

2. 拖放素材

将项目窗口中的素材按照一定的顺序拖放到时间线的轨道上,利用工具面板中的选择工具,在时间线的轨道上拖曳要移动的素材,使排在最开始位置的素材的左边与时间线窗口左边对齐,接着在时间线窗口中拖曳其他素材并排列好,如图 2-37 所示。在这个过程中,需要通过时间线窗口底部的缩放滚动条来更改时间线标尺的比例,也可以通过按"+"键与"-"键放大、缩小时间线标尺的比例。

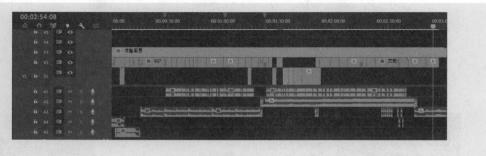

图 2-37

3. 调整素材比例

在快速预览素材组接效果的时候,会发现有些素材在节目监视器窗口中的显示没有达到正常显示比例,这时候需要先在时间线上选中素材,再在"效果控件"面板中调整"缩放"属性,边调整边在节目监视器窗口中预览效果,直到满意为止,其他需要调整比例大小的素材以此类推。

4. 剪裁素材

如果需要对时间线上的某段素材的入点进行剪辑,可以选择工具面板中的波纹剪辑工具,移动鼠标指针到这段素材的左边缘,鼠标指针变成波纹编辑工具的形状,按住鼠标左键并拖曳,改变素材的长度,移动的同时,可以在节目监视器窗口中同步观察。节目监视器窗口中还会显示位置的时间码,如图 2-38 所示。如果要剪辑素材的出点,方法与此类似。

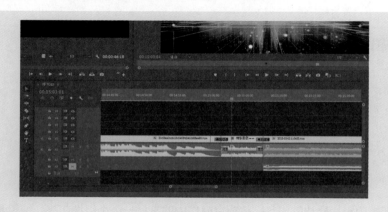

图 2-38

如果某一素材片段有多余的部分需要剪辑掉，则可以使用剃刀工具。选择剃刀工具后，在素材片段上单击可以将素材片段切割成两部分；选择选择工具，选择多余的部分，按"Delete"键将其删除，如图 2-39 所示。

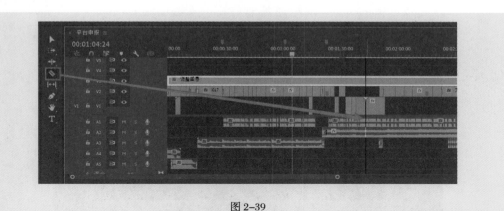

图 2-39

所有素材的编辑工作完成后，可以通过在节目监视窗口中单击"播放／停止"按钮▶，对编辑完成的影片进行预览。如果对编辑的效果不满意，则可以在时间线窗口中对其进行修改和调整，最后在菜单栏中选择"文件→保存"命令（组合键为"Ctrl+S"），对编辑好的项目文件进行保存。

任务 4 渲染输出

任务目标：学习使用 Premiere Pro 渲染视频，渲染指的是在编辑期间将效果与素材合并；在时间线上制作完影片后，还需要将其整体合成输出。

扫码观看视频

渲染输出的视频格式有很多，常见的有 MP4 和 MOV 等，输出方式有"输出到磁带""输出到EDL"和"输出到 OMF"等。渲染输出的一般步骤如下。

（1）在时间线上确定需要渲染与输出的时间范围，可以通过节目监视窗口中的"入点"◢与"出点"按钮▮（快捷键为"I"和"O"）来设置时间线上所编辑节目的开始点和结束点，以确定渲染、输出的时间范围，如图 2-40 所示。如果不设置输出范围，则默认输出的时间范围是整个工作区。

（2）选择菜单栏中的"文件→导出→媒体"命令（组合键为"Ctrl+M"），弹出"导出设置"对话框，根据需求进行导出设置。设置完成后，单击"导出"按钮即可完成输出。

（3）输出时要注意输出视频的格式，上传到视频网站的视频一般选择 FLV 格式，AVI 格式的视频相对较清晰，但非常占空间。可以选择格式为"H.264"，导出的是高清的 MPEG-4 格式的视频，比 AVI 格式的视频小很多，如图 2-41 所示。

（4）Premiere Pro 可以导出 Final Cut Pro 项目的 XML 文件，用来与 Final Cut Pro 以及其他支持 XML 的软件进行交换。选择菜单栏中的"文件→导出→ Final Cut Pro XML"命令，在弹

e

出的"将转换的项目另存为"对话框中，找到 XML 文件的位置并输入文件名，单击"保存"按钮。Premiere Pro 会将序列保存到指定位置的 XML 文件中。此外，Premiere Pro 还会将包含所有转换问题的日志保存在指定位置的一个文本文件中。用户可以查看这个文件以获取转换信息。

图 2-40

图 2-41

Premiere Pro 导出 Final Cut Pro XML 文件时，会将序列转换为 Final Cut Pro 中的时间线，这样用户就可以使用 Final Cut Pro 或其他软件继续编辑任务。

项目小结

通过本项目的学习，读者需要了解并掌握以下几点。

（1）Premiere Pro 这款软件每个工作区的分布和作用，以及如何优化 Premiere Pro 的设置。

（2）视频编辑的整个流程，如何新建项目、序列，在设置序列的时候要注意分辨率、帧速率、场等细节，以及如何导入素材、编辑素材和输出成片。

项目扩展——剪辑两段小视频

项目扩展 1

素材文件： 本任务所需的素材文件位于"项目 2\ 项目扩展 1"文件夹中。

在 Premiere Pro 中，新建一个分辨率为 1920 像素 ×1080 像素、时基为 25 帧 / 秒的项目，如图 2-42 所示。使用所给的素材片段进行简单剪辑，输出时长为 30 秒的视频文件，如图 2-43 所示。

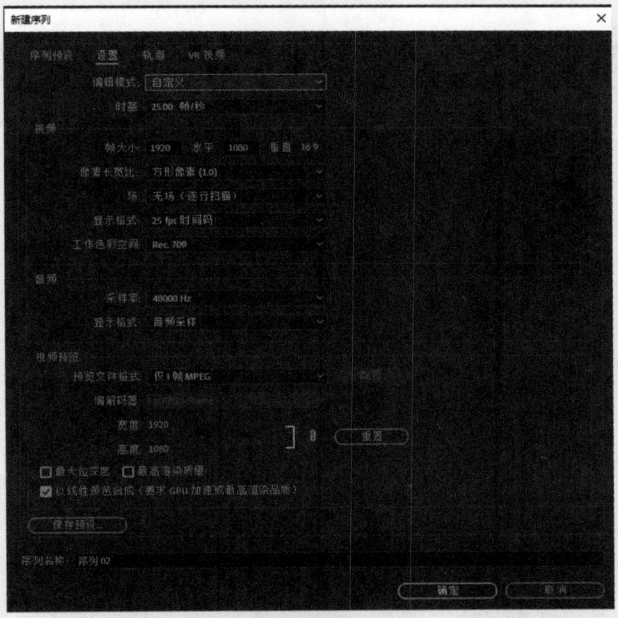

扫码观看视频

图 2-42

图 2-43

项目扩展 2

素材文件： 本任务所需的素材文件位于"项目 2\ 项目扩展 2"文件夹中。

在 Premiere Pro 中，新建一个分辨率为 1920 像素 ×1080 像素、时基为 25 帧 / 秒的项目，如图 2-44 所示。输出时长为 1 分钟、编码为 H.264 的视频文件，如图 2-45 所示。

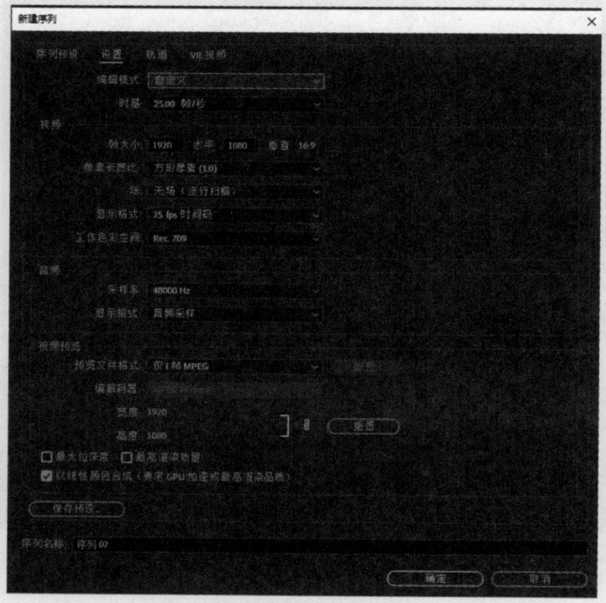

扫码观看视频

图 2-44

图 2-45

了解 Premiere 基础——基础编辑技术

情景引入

在自媒体流行的时代，视频已逐渐取代图文，成为信息传播的主要形式，尤其是精简干练的优质视频。通过 Premiere Pro 这款视频编辑软件，对视频、声音、动画、图片、文本进行编辑加工，可以生成短视频、电视剧、电影等文件。

那么，Premiere Pro 是如何使用的？怎样将多个视频片段编辑在一起？

本项目对 Premiere Pro 中剪辑影片的基本技术和操作方法进行介绍，包括加载剪辑和时间线窗口、修剪和替换素材以及嵌套序列的创建和使用等。通过本项目的学习，读者可以深入了解和熟悉素材编辑窗口和时间线窗口的操作，在掌握使用 Premiere Pro 进行基本剪辑的基础上，了解使用 Premiere Pro 进行高级修剪的方法，理解并熟练使用嵌套序列。

学习目标

知识目标

● 熟练掌握使用监视器窗口剪辑素材的方法。
● 掌握在时间线窗口中定位轨道和添加标记的方法。
● 掌握 Premiere Pro 中编辑和替换素材的方法。
● 掌握 Premiere Pro 中高级修剪的方法。
● 掌握 Premiere Pro 中创建和编辑嵌套序列的方法。

技能目标

● 掌握 Premiere Pro 中的剪辑素材基础操作。
● 掌握剪辑视频的方法。
● 掌握剪辑视频的思维逻辑。

素质目标

● 提升视觉审美的判断和鉴赏能力。
● 理解并掌握一定的美术表现技巧。
● 在不影响美观的前提下，可以合理地利用技术，找到一个接合点，做出美观又实用的影视作品。

扫码观看思维导图

扫码观看视频

相关知识

3.1 素材编辑窗口

源监视器窗口是将素材导入时间线窗口之前检查素材的主要位置。

在源监视器窗口中查看视频素材，是以原始格式进行查看的。素材将以与录制时相同的帧速率、帧大小、场顺序、音频采样率和音频位深度进行播放，除非修改了剪辑的解释方式，如图 3-1 所示。

> 在 Premiere Pro 中选中剪辑并单击鼠标右键，在弹出的快捷菜单中选择"修改→解释素材"命令，可以修改剪辑的解释。

图 3-1

将素材添加到序列中时，Premiere Pro 会让素材与序列的设置相符合。例如，如果剪辑和序列的帧速率与音频采样率不匹配，则会调整剪辑，以便序列中的所有剪辑都具有相同的播放格式。

除了作为文件的查看器，源监视器窗口还提供了重要的附加功能。可以使用两种特殊的标记，即入点和出点（快捷键为"I"和"O"），如图 3-2 所示，选择仅包含在序列中的部分剪辑；还可以采用标记的形式来添加注释，以便稍后作为参考或者提醒自己有关剪辑的重要信息。例如，可以对没有权限使用的部分视频添加注释。

图 3-2

3.1.1　加载单个剪辑

加载单个剪辑时可以执行以下操作。

（1）在项目窗口中浏览素材箱。使用默认首选项，按住"Ctrl"键（Windows 操作系统下）或"Command"键（macOS 操作系统下）双击项目窗口中的素材箱，如图 3-3 所示，在项目窗口中打开素材箱。

要想返回项目窗口原目录，可单击"向上导航"按钮，如图 3-4 所示。

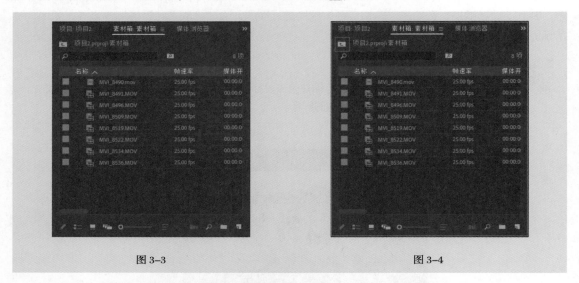

图 3-3　　　　　　　　　　　　　　　　　　　　　图 3-4

（2）双击需要的视频，或者将它拖曳到源监视器窗口中，如图 3-5 所示。

图 3-5

提示
在选择视频时，要确保单击的是图标或缩略图，而不是文件名，以免执行的是重命名操作。

无论采用哪种方式，结果都是相同的：Premiere Pro 将在源监视器窗口中显示视频，供用户查看并添加标记。

（3）将鼠标指针移动到源监视器窗口上，并按"～"键（重音符号，在键盘的左上方）。该监视器窗口将会填满 Premiere Pro 应用程序的窗口，以方便剪辑视频。再次按"～"键，该监视器窗口就会恢复为原来的样子，如图 3-6 所示。

> **提示**
>
> 活动窗口具有一个蓝色的轮廓。了解哪个窗口是活动的很重要，因为有时菜单和键盘快捷键会根据用户当前的选择给出不同的结果。例如，如果按"Shift+ ～"组合键，无论鼠标指针停在哪，当前所选的窗口都将切换为全屏。

图 3-6

　　如果有第二台显示器接到计算机，Premiere Pro 可以使用它全屏显示视频。在菜单栏中选择"编辑→首选项→回放"命令，如图 3-7 所示，弹出"首选项"对话框，要确保勾选了"启用 MercuryTransmit"复选框，并勾选想要用于全屏播放的显示器复选框。

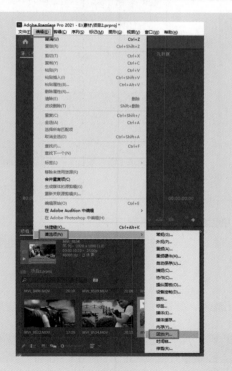

图 3-7

3.1.2　加载多个剪辑

接下来，选择要在源监视器窗口中使用的视频素材。

（1）打开源监视器菜单，选择"全部关闭"命令，清空监视器以及菜单中显示的最近的项目列表，如图 3-8 所示。

图 3-8

40

（2）单击素材箱中的"列表视图"按钮，并单击"名称"标题，以确保素材按字母顺序显示，如图 3-9 所示。

（3）选择一个剪辑素材，按住"Shift"键单击素材，选中素材箱中的多个视频素材，如图 3-10 所示。

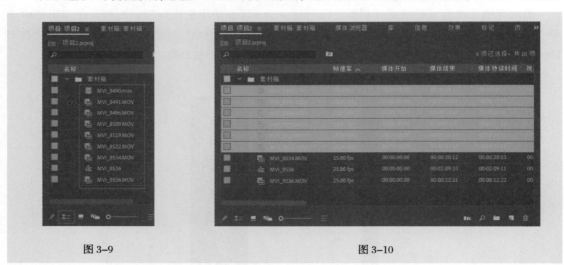

图 3-9　　　　　　　　　　　　　　　图 3-10

（4）将视频从素材箱中拖曳到源监视器窗口中。

此时，只有被选中的视频素材会显示在源监视器菜单中，可以使用此菜单选择要查看的视频。

3.1.3　工具按钮

除了"播放 / 停止"按钮外，源监视器窗口中还有其他重要的按钮，如图 3-11 所示。

图 3-11

添加标记■：将标记添加到剪辑中播放头所在的位置。

入点■：设置打算在序列中使用的剪辑的开始位置；每个剪辑中只可以有一个入点，设置新的入点会自动把原来的入点替代。

出点■：设置打算在序列中使用的剪辑的结束位置；每个剪辑中只可以有一个出点，设置新的出点会自动把原来的出点替代。

转到入点■：将播放头移动到剪辑的入点。

后退一帧■：将播放头向后移动一帧。

播放 / 停止切换■：单击播放按钮可播放视频，再次单击播放按钮可使视频停止。

前进一帧■：将播放头向前移动一帧。

转到出点■：将播放头移动到剪辑的出点。

插入■：使用插入编辑模式将剪辑添加到时间线窗口当前显示的序列中。

覆盖■：使用覆盖编辑模式将剪辑添加到时间线窗口当前显示的序列中。

导出帧■：允许从监视器窗口中显示的任何内容中创建一个静止图像，也就是静帧。

 提示　　　　导出视频文件的时候必须设置入点和出点，否则会将整个序列中的空白内容一起渲染出来。

3.1.4　入点和出点

有时需要在序列中包含一个剪辑的特定部分。用户编辑视频的大多数时间花费在查看、剪辑及选择剪辑（或哪个剪辑的哪一部分内容）上，添加入点和出点可以很容易地帮助用户做出选择。

设置入点和出点的实例如下。

（1）使用源监视器菜单选择剪辑。

（2）播放视频，了解其内容。

（3）将播放头放在大约 00:00:02:24 的位置，作为本段素材的入点镜头，如图 3-12 所示。

（4）单击"入点"按钮■，也可以按快捷键"I"，添加一个入点。

（5）将播放头放在大约 00:00:05:11 的位置，作为本素材的出点镜头。

（6）按快捷键"O"添加一个出点，如图 3-13 所示。

图 3-12

图 3-13

添加到视频中的入点和出点是持久的，也就是说，如果关闭并重新打开视频继续剪辑，它们还是存在的。

监视器窗口中的入点和出点定义了想要添加到序列中的剪辑部分。

在时间线上添加入点和出点有以下两个主要目的。

（1）告诉 Premiere Pro 将剪辑添加到序列的什么位置。

（2）选择想要删除的序列部分。在使用入点和出点时，与轨道标题控件一起使用，可以选择是要从指定的轨道上移除整个剪辑，还是移除部分剪辑。

1. 设置入点和出点

在时间线上添加入点和出点与在源监视器窗口中添加入点、出点的方式一样。主要差别在于，与源监视器窗口中的控件不同，节目监视器窗口中的控件也适用于时间线。

当在播放头的当前位置向时间线添加入点时，需要确保时间线窗口或节目监视器窗口是活动的，按快捷键"I"即可添加入点。在需要设置出点的地方按快捷键"O"即可添加出点，如图 3-14 所示。

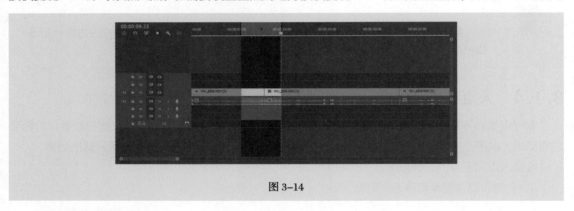

图 3-14

2. 清除入点和出点

如果打开了某个剪辑，而且该剪辑带有想要删除的入点和出点，用户可以轻松删除它们。

（1）选择菜单栏中的"标记→清除入点"和"标记→清除出点"命令即可完成清除，如图 3-15 所示。

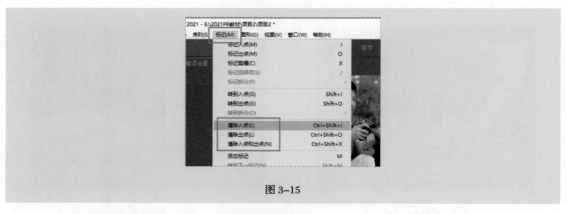

图 3-15

（2）也可以直接按"Ctrl+Shift+I"组合键和"Ctrl+Shift+O"组合键完成清除。

3.2　时间线

在 Premiere Pro 中，时间线窗口是最常接触的部分，时间线窗口能够将视频、音频以及其他素材以时间线的方式呈现给用户，方便用户进行剪辑和后期处理；在剪辑项目中，大部分操作都是依托这个窗口进行的。

3.2.1　序列

扫码观看视频

序列是一系列依次播放的剪辑，有时还具有多个混合图层，并且通常具有特效、字幕和音频，这些构成了一个完整的影片。

在项目中，可以有任意多个序列。序列存储在 Premiere Pro 的项目窗口中，与剪辑一样，它们也有自己的图标。

下面就来创建一个新的序列。

（1）在素材箱中，将视频素材拖曳到项目窗口右下方的"新建项"按钮上。

这是一种制作与媒体完美匹配的序列的快捷操作，Premiere Pro 会自动创建一个新序列，其名称与所选的素材名称相同。

43

（2）序列会在素材箱中突出显示，此时最好立刻对它进行重命名。在素材箱中选中该序列并单击鼠标右键，在弹出的快捷菜单中选择"文件名"命令，为序列重命名，如图 3-16 所示。

序列将自动打开，该序列包含了用于创建它的剪辑，如果使用了一个随机剪辑来执行此快捷操作，用户可以在序列中选择并删除它（按"Delete"键或退格键）。

单击时间线窗口上方的"关闭"按钮关闭序列。

（3）在时间线窗口中打开序列。

在时间线窗口中打开序列，有以下几种方法。

①在素材箱中双击序列。

②在素材箱中选中序列并单击鼠标右键，在弹出的快捷菜单中选择"在时间轴内打开"命令，如图 3-17 所示。

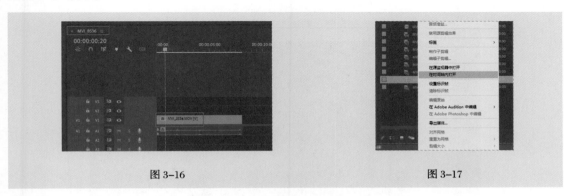

图 3-16　　　　　　　　　　　　　　　　　图 3-17

提示

与剪辑一样，也可以将序列拖曳到源监视器窗口中查看和使用。要特别注意的是，不要将序列拖曳到时间线窗口中，因为这会将其添加到当前序列中。

3.2.2 理解轨道

在时间线上，序列通过视频轨道和音频轨道来限制添加剪辑的位置。最简单的序列形式是仅有一个视频轨道和一个音频轨道。依次在轨道上从左往右添加剪辑时，它们的播放顺序与排列的顺序是一致的。

序列也可以有多个视频轨道和音频轨道。它们将成为视频和其他音频通道的图层。由于上层视频轨道出现在下层视频轨道前面，因此可以合并不同轨道上的剪辑，制作分层合成。

例如，使用一个位于顶部的视频标题来为序列添加字幕，或者使用特效混合多个视频图层，如图 3-18 所示。

可以使用多个音频轨道来为序列创建一个完整的音频合成，这个完整的音频合成具有原始的源对话、音乐和现场音频效果，如枪声、烟花声、大气音波和画外音，如图 3-19 所示。

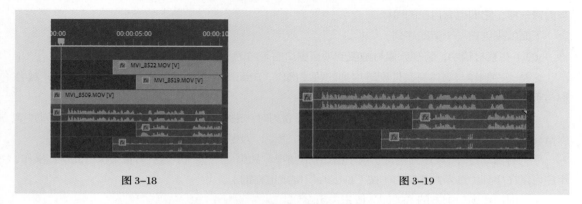

图 3-18   图 3-19

Premiere Pro 具有多个滚动选项，可以根据鼠标指针的位置提供不同的滚动操作。

（1）如果将鼠标指针停在源监视器窗口或节目监视器窗口中，可以使用鼠标滚轮进行前后导航；使用触控板手势也一样有效。

（2）如果在 Premiere Pro 的"首选项"对话框中启用了"时间轴播放自动滚屏"和"时间轴鼠标滚动"功能，如图 3-20 所示，则可以在时间线窗口中对序列进行导航。

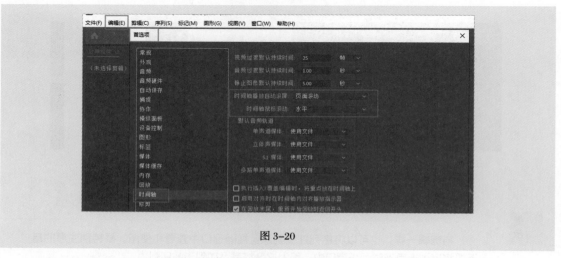

图 3-20

（3）如果按住"Alt"键滚动鼠标滚轮，则时间线视图会放大或缩小，如图 3-21 所示。

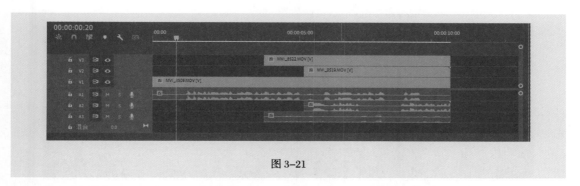

图 3-21

（4）如果将鼠标指针放置在轨道标题上，按住"Alt"键滚动鼠标滚轮，则可以增大或减小轨道的高度，如图 3-22 和图 3-23 所示。

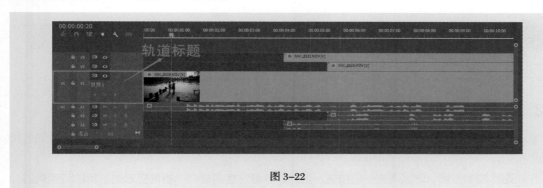

图 3-22

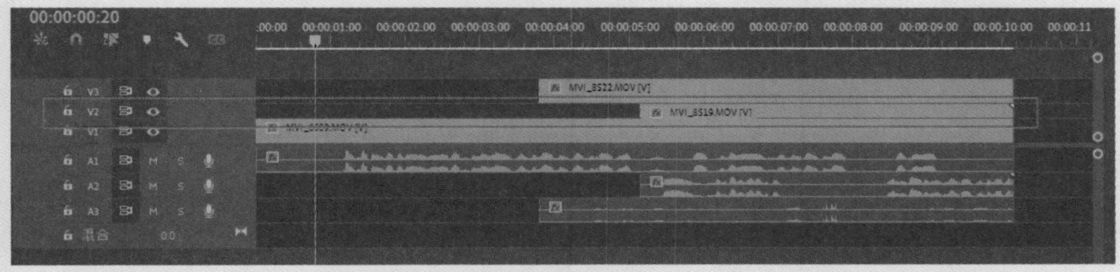

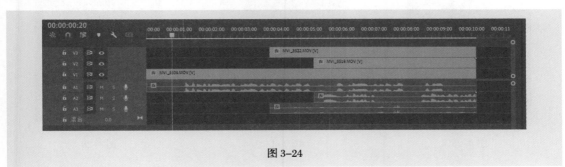

图 3-23

如果将鼠标指针停在视频轨道或音频轨道的标题上，并按住"Shift"键滚动鼠标滚轮，则可以增大或减小所有此类轨道的高度，如图 3-24 和图 3-25 所示。

图 3-24

图 3-25

在使用滚动鼠标滚轮的方式调整轨道高度时，如果同时按住"Ctrl"键（Windows 操作系统下）或"Command"键（macOS 下），可以进行更精准的控制。

46

3.2.3 定位轨道

轨道的标题并不仅仅是一个铭牌。在删除部分序列或渲染特效时，它们还可以作为轨道的启用或禁用按钮。

在轨道标题的左侧，可以看到一组按钮，用来表示源监视器窗口中当前显示的剪辑的可用轨道，或 Premiere Pro 中所选剪辑的可用轨道，这些按钮是源轨道指示器，与时间线轨道一样有编号。在执行更复杂的编辑时，这有利于使任务清晰明了，如图 3-26 所示，图中的 V1 轨道为源轨道，A3 轨道为时间线轨道。

如图 3-27 所示，源轨道指示器的位置意味着，在单击按钮或使用快捷键将剪辑添加到当前序列中时，会将带有一个视频轨道和一个音频轨道的剪辑添加到时间线上的 V1 和 A1 轨道上。

如图 3-28 所示，相较于时间线轨道指示器，源轨道指示器已经通过拖曳的方式被移动到了一个新的位置。在这个例子中，单击按钮或使用快捷键将剪辑添加到当前序列中时，剪辑将被添加到时间线的 V2 和 A2 轨道上。

图 3-26

图 3-27

图 3-28

3.2.4　标记

有时候用户可能很难记住有用的镜头的位置或者打算如何处理它。这时对感兴趣的剪辑部分添加注释和标记，就会很有用。

标记允许用户识别剪辑和序列中的具体时间并为它们添加注释。这些临时标记是帮助用户保持一切操作井然有序、与合编者进行有效沟通的绝佳方式。

在为剪辑添加标记时，标记包含在原始媒体文件的元数据中。这意味着可以在另一个 Premiere Pro 项目中打开此剪辑并查看相同的标记。

选择菜单栏中的"文件→导出→标记"命令，可以导出想要的标记，如图 3-29 所示。

1. 标记类型

主要的标记类型有如下几种。

（1）注释标记：这是一个通用标记，可以指定名称、持续时间和注释。

（2）章节标记：在制作 DVD 或蓝光光盘的时候，Adobe Encore 可以将这种标记转换为普通的章节标记。

（3）分段标记：这种标记使得某些视频服务器可以将内容拆分为若干部分。

（4）Web 链接：某些视频格式可以在播放视频时，使用这种标记自动打开一个 Web 页面；当导出序列创建支持的格式时，会将 Web 链接标记包含在文件中，如图 3-30 所示。

图 3-29　　　　　　　　　　　　　　　　　　　　图 3-30

2. 添加标记

（1）打开一组视频素材，将其拖曳到时间线上并进行简单拼接。

（2）将播放头停到两段视频的拼接处，不要选中视频素材，可以在空白处单击。

（3）单击时间线上方的"添加标记"按钮■■或按快捷键"M"，即可完成添加操作，如图 3-31 所示。

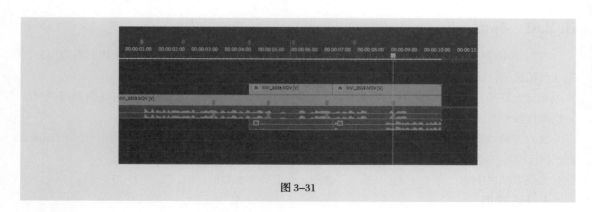

图 3-31

提示

可以在时间线窗口、源监视器窗口和节目监视器窗口的时间标尺上添加标记。

48

3. 编辑标记

添加标记是为了得到更鲜明的视觉效果，标记默认为绿色，箭头向上，用户也可以将其更改为自己喜欢的或者更具有代表性的颜色。

（1）将鼠标指针移动到标记上，单击鼠标右键，弹出图 3-32 所示的快捷菜单，选择"编辑标记"命令，弹出图 3-30 所示的对话框，在"标记颜色"选项组中更改为自己喜欢的颜色。或者直接双击标记，弹出快捷菜单。

（2）直接双击标记，一样可以弹出图 3-30 所示的对话框，然后更改为喜欢的颜色。

（3）命名新建的标记，如"湖边美景"，如图 3-33 所示。

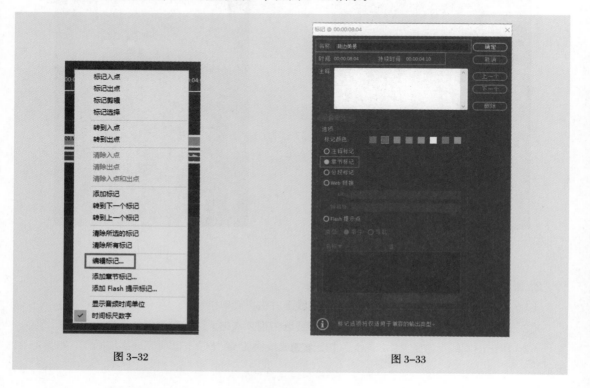

图 3-32

图 3-33

（4）现在标记在时间线上有了持续时间，放大后，可以看到添加的注释，该注释也可以显示在标记上，如图 3-34 所示。

图 3-34

4. 剪辑标记

将标记添加到剪辑中。

（1）在源监视器窗口中打开一段剪辑。

（2）播放此段视频，并在播放的时候按几次快捷键"M"，以添加标记，如图 3-35 所示。

图 3-35

提示

可以单击按钮或使用快捷键添加标记。如果使用快捷键"M"，可以轻松添加匹配音乐节拍的标记。

（3）查看标记，如果源监视器窗口是活动的，则会列出添加的所有标记。为序列添加带有标记的剪辑时，会保留剪辑的标记。

（4）单击源监视器窗口，确保它是活动的。双击标记，在弹出的菜单中选择"清除所有标记"命令，如图 3-36 所示。所有标记都会从剪辑中删除。

图 3-36

项目实施——以“恩爱老人”视频为例使用基本的编辑命令

无论是使用鼠标将剪辑移到序列中，还是单击源监视器窗口中的按钮，或是使用快捷键，都是在应用覆盖编辑和插入编辑两种编辑类型中的一种。本项目将介绍几种常用的编辑逻辑和方法。

任务 1　了解编辑操作

任务目标： 学习覆盖编辑，并能够熟练运用；学习插入编辑，并能够熟练运用；学习三点编辑，并能够熟练地将素材添加到序列中；学习四点编辑，并能够熟练地将素材添加到序列中；学习替换编辑，并能够熟练地将序列中的素材，在不改变时长的情况下替换为新的素材。

素材文件： 本任务所需的素材文件位于“项目 3\ 任务 1　了解编辑操作”文件夹中，包含“恩爱老人”和“音乐音效”文件。

扫码观看视频

50

1. 了解覆盖编辑

除了可以在素材箱中选择一段剪辑直接将其拖曳到时间线上，还可以通过“覆盖”命令快速地将其导入时间线上。

利用入点、出点选中想要的一段剪辑后，单击监视器窗口中的“覆盖”按钮，选中的素材就会将时间线上的素材给替换掉，如图 3-37 和图 3-38 所示。

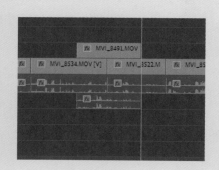

图 3-37　　　　　　　　　　　　　图 3-38

提示

执行覆盖编辑的时候，序列不会变长。

默认情况下，使用鼠标将剪辑拖曳到序列中，执行的是覆盖编辑。按住“Ctrl”键（Windows 操作系统下）或“Command”键（macOS 下）进行拖放，执行的则是插入编辑。

2. 了解插入编辑

在 Premiere Pro 时间线上应用插入编辑，需要的具体操作步骤如下。

在源监视器窗口中浏览剪辑，在需要插入的开始位置标记一个入点，在结束位置标记一个出点，单击下方的"插入"按钮进行插入，如图 3-39 和图 3-40 所示。

图 3-39

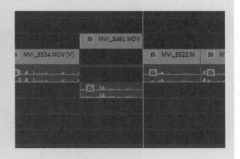

图 3-40

> **提示**　应用插入编辑会让序列变长，在选定轨道上插入入点或出点后的剪辑序列会向后移动。

3. 了解三点编辑

三点编辑是视频编辑中一种比较实用的方式，因为一段自制的视频中片段比较多，通常涉及多个视频素材，依次处理既浪费时间又无法协调过渡，所以这种剪辑方式就变得比较有用。

三点编辑需要在源监视器窗口和节目监视器窗口中共同指定 3 个点，用以确定素材的长度和插入的位置。这 3 个点可以是素材的入点、素材的出点、时间线的入点、时间线的出点这 4 个点中的任意 3 个。通常在源监视器窗口中，根据编辑需要为素材设置入点和出点，在节目监视器窗口中设置素材的入点，单击源监视器窗口下方的"插入"按钮或"覆盖"按钮，即可将素材添加到时间线窗口中选定的轨道上。

在 Premiere Pro 中，导入 4 段视频素材到项目窗口中，将其中的 3 段添加到时间线上。如果用户想在"MVI_8534.mov"剪辑片段中间加入"mvI_8509.mov"剪辑片段中的镜头，可以先在时间线上将播放头移动到想要插入的位置，单击节目监视器窗口下方的"入点"按钮，或按快捷键"I"，添加入点，如图 3-41 所示。

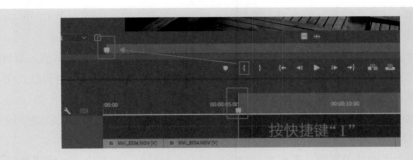

图 3-41

在项目窗口中，双击"MVI_8509.mov"剪辑片段，打开源监视器窗口，预览素材，在想要插入的部分的开头和结尾处分别单击源监视器窗口下方的"入点"按钮█和"出点"按钮█，如图 3-42 所示。选定要插入的部分，单击源监视器窗口下方的"插入"按钮█，选定部分即被插入时间线上的"MVI_8534.mov"剪辑片段所设定的入点位置，如图 3-43 所示。

图 3-42

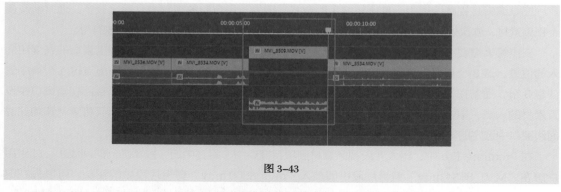

图 3-43

这里使用的"三点"分别是时间线的入点、素材的入点和素材的出点。

4. 了解四点编辑

使用四点编辑不仅要确定素材的出点、素材的入点，还要确认时间线的出点和时间线的入点，然后将素材插入时间线上。

当选定的素材长度与时间线上剩余的时间长度不一致时，可以用以下几种方式插入素材。

（1）当素材的长度大于时间线的长度，在插入素材时会弹出"适合剪辑"对话框，在"选项"选项组中可以选择不同的插入方式，如图 3-44 所示。

①更改剪辑速度（适合填充）：选中此单选项，素材将改变其本身的速度，以时间线上指定的长度为标准压缩素材，以充分适合时间长度的方式插入。

②忽略源入点：选中此单选项，素材将以时间线的出点为基准，将超出时间线长度的入点部分进行修整。

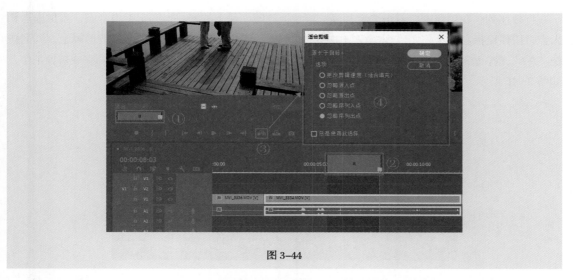

图 3-44

③忽略源出点：选中此单选项，素材将以时间线的入点为基准，将超出时间线长度的出点部分进行修整。

④忽略序列入点：选中此单选项，素材将以时间线的出点为基准，忽略入点，在出点位置将素材的出点、入点之间的片段全部插入时间线上。

⑤忽略序列出点：选中此单选项，素材将以时间线的入点为基准，忽略出点，在入点位置将素材的出点、入点之间的片段全部插入时间线上。

（2）当素材的长度小于时间线的长度，在插入素材时会弹出"适合剪辑"对话框，如图 3-45 所示，此时不需要修整选定部分，可以直接将素材插入时间线上选定的位置。

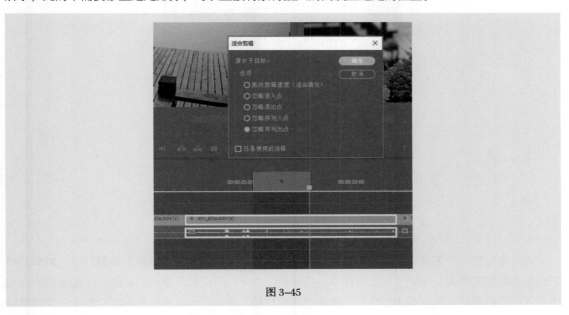

图 3-45

在剪辑过程中，有时需要使用选定的源素材片段替换时间线上的片段，这时会使用到替换功能。在 Premiere Pro 中，替换功能不仅可以替换时间线上的剪辑，还能替换项目窗口中的素材。下面介绍在 Premiere Pro 中替换剪辑和素材的方法。

打开序列，在项目窗口双击选定并预览要替换到时间线上的素材，选定替换范围，添加出点和入点；按住鼠标左键，将源监视器窗口中选定的剪辑片段拖曳到时间线要被替换的剪辑上，同时按住"Alt"键，软件会自动使素材适应要替换的时长，释放鼠标左键和"Alt"键，即完成替换工作，如图 3-46 所示。

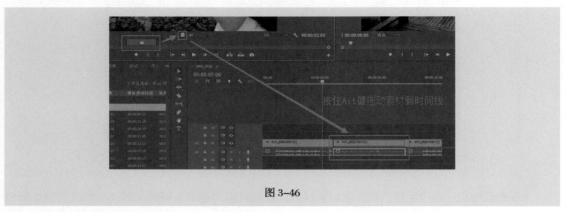

图 3-46

5. 执行替换编辑

除了拖放替换外，还可以通过以下两种方法替换时间线上的剪辑。

（1）可以在时间线上选中要替换的剪辑，并单击鼠标右键，在弹出的快捷菜单中选择"使用剪辑替换"命令，如图 3-47 所示。

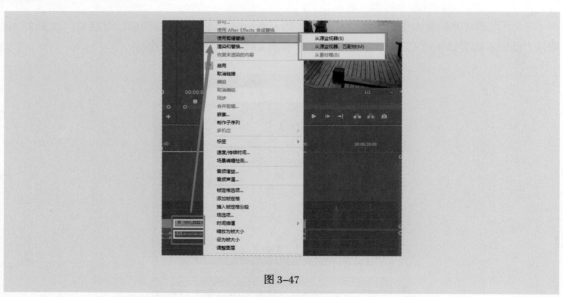

图 3-47

该命令包括 3 个子命令：选择"从源监视器"命令，可以直接使用源监视器窗口中的剪辑替换时间线上选定的剪辑；选择"从源监视器，匹配帧"命令，可以使用源监视器窗口中选定的入点和出点之间的剪辑替换时间线上的剪辑；选择"从素材箱"命令，可以直接使用素材箱中选定的素材替换时间线上选定的剪辑。

（2）选择菜单栏中的"剪辑→替换为剪辑"命令，该命令同样有"从源监视器""从源监视器，匹配帧""从素材箱"子命令，其作用与第一种方法相同，如图 3-48 所示。

图 3-48

任务 2　学习替换素材

任务目标：学习替换素材功能，并能够熟练地将序列上的素材，在不改变时长的情况下替换为新的素材。

素材文件：本任务所需的素材文件位于"项目 3\ 任务 2　学习替换素材"文件夹中，包含"恩爱老人"和"音乐音效"文件。

扫码观看视频

在 Premiere Pro 中可以使用外部素材替换项目窗口中已经导入的素材，方法有以下两种。

（1）在项目窗口中选定要替换的素材，并在其上单击鼠标右键，在弹出的快捷菜单中选择"替换素材"命令，如图 3-49 所示，在弹出的替换素材对话框中查找素材，选中素材后，勾选下方的"重命名剪辑为文件名"复选框，单击"选择"按钮，即可完成替换。替换后，素材箱里的素材和时间线上已经使用的素材片段，都会被替换为新选定的素材。

（2）在项目窗口中选中要替换的素材，选择菜单栏中的"剪辑→替换素材"命令，如图 3-50 所示，在弹出的替换素材对话框中查找素材，选中素材后，勾选下方的"重命名剪辑为文件名"复选框，单击"选择"按钮，即可完成替换。替换后，素材箱里的素材和时间线上已经使用的素材片段，都会被替换为新选定的素材。

图 3-49 图 3-50

任务3 学习修剪素材

任务目标： 学会挑选有用、有效的素材并进行修剪，将有效素材、有逻辑的剪辑添加到序列上。

素材文件： 本任务所需的素材文件位于"项目3\ 任务3 学习修剪素材"文件夹中，包含"恩爱老人"和"音乐音效"文件。

扫码观看视频

在 Premiere Pro 中，调整序列中的剪辑的长度，称为修剪。本任务将介绍修剪素材的常用方法。常规修剪方式只能单独调整单条剪辑的长短，常规的修剪方式有以下两种。

1. 在源监视器窗口中修剪

打开序列后，可以通过双击时间线上的剪辑，在源监视器窗口中打开并预览该剪辑，调整该剪辑在源监视器窗口中的入点和出点的位置，从而修改剪辑在时间线上的长短。在源监视器窗口中，有两种方法可以更改已有的入点和出点。

（1）标记新的入点和出点。在源监视器窗口中打开和预览素材，单击源监视器窗口下的"入点"

按钮**|**与"出点"按钮**|**（快捷键为"I"和"O"）添加新的入点和出点，即可修改剪辑在时间线上的长短，如图 3-51 所示。

（2）拖曳入点和出点。在源监视器窗口中打开和预览素材，可以通过拖曳的方式更改剪辑的入点和出点。将鼠标指针停放在源监视器窗口时间线上的入点或出点上，此时鼠标指针会变为红黑色图标，表示可以拖曳入点或者出点进行修剪，如图 3-52 所示。

图 3-51   图 3-52

可以向左或向右拖曳以更改入点或出点。注意，如果在时间线上该剪辑有一个与之相邻的剪辑，剪短该剪辑，修剪后会在两个剪辑中间留下间隙。如果想加长剪辑，则需要相邻两剪辑之间有可以加长的间隙。

2. 在序列中修剪

用这种方法打开序列后，可以在时间线上直接修剪剪辑的长短。这是一种比较简单、直观的修剪方式。

若在时间线上修剪剪辑，可以选择工具面板中的选择工具，将鼠标指针停放在剪辑的出点或入点上，此时鼠标指针变为带有双向箭头的红色图标，如图 3-53 所示。

其方向会根据放置的位置不同而不同（出点向左，入点向右）。按住鼠标左键拖曳鼠标，将剪辑修剪为合适的长度，释放鼠标左键即可完成修剪。

图 3-53

任务 4 进行高级修剪

任务目标：将有效素材、有逻辑的剪辑添加到序列中后，连续播放并对有问题的部分做进一步修剪。

素材文件：本任务所需的素材文件位于"项目 3\ 任务 4 进行高级修剪"文件夹中，包含"恩爱老人"和"音乐音效"文件。

扫码观看视频

无论用哪种常规的修剪方式，只要有相邻的剪辑，就会因为缩短剪辑而在时间线上留下间隙，或者因为间隙不足无法拉长剪辑。Premiere Pro 为此还提供了以下几种修剪方式，帮助用户快速修剪剪辑。

1. 波纹编辑

在工具面板中选择波纹编辑工具，在时间线窗口中，将鼠标指针置于要更改剪辑的入点或出点上方，直到出现黄色的"波纹入点"图标或"波纹出点"图标，此时按住鼠标左键向左或向右拖曳即可修剪剪辑。为了补偿该编辑点，时间线上的后续剪辑将发生位移，向左或向右移动以填充间隙，但其持续时间保持不变。

使用波纹编辑工具时，节目监视器窗口左侧显示第一个剪辑的最后一帧，右侧显示第二个剪辑的第一帧，如图 3-54 所示。

图 3-54

2. 滚动编辑

选择此工具时，可在时间线上的两个剪辑之间添加滚动编辑点。滚动编辑工具可修剪一个剪辑的入点和另一个剪辑的出点，同时保持两个剪辑组合的持续时间不变。

在工具面板中选择滚动编辑工具，在时间线上按住鼠标左键，从要修剪的剪辑的边缘向左或向右拖曳，系统会根据已添加到该剪辑中的帧数量修剪相邻剪辑，如图 3-55 所示。按住"Alt"键（Windows 操作系统下）或"Option"键（macOS 下）拖曳鼠标将只影响链接剪辑的视频或音频部分。

使用滚动编辑工具还可以将序列中某剪辑的入点或出点移动到播放头的位置，且不会在序列中留下间隙。

用户可以单击轨道头将包含要修剪的剪辑的轨道设为目标轨道，按住鼠标左键，将播放头拖曳到时间线上要将剪辑入点和出点扩展到的位置；选择滚动编辑工具，选中要扩展的入点或出点，这时选定的出点或入点变成红色；选择菜单栏中的"序列→将所选编辑点扩展到播放指示器"命令（或按快捷键"E"），如图 3-56 所示。

图 3-55　　　　　　　　　　　　　　　　　图 3-56

3. 滑移编辑

可以使用内滑工具和外滑工具进行滑移编辑。滑移编辑采用相同的量在适当的位置滚动可见的内容，从而在同一时刻更改序列剪辑的入点和出点。因为滑移修剪以相同的量修改了开始位置和结束位置，所以它并没有修改序列的持续时间。就这方面来讲，它与滚动修剪一样。

波纹编辑和滚动编辑可以调整两个剪辑之间的剪切点，外滑编辑和内滑编辑非常适用于调整时间线上相邻的 3 个剪辑所包含的 2 个剪切点。当用户使用外滑工具或内滑工具时，除了只是编辑音频的情况以外，节目监视器窗口会并排显示编辑中所涉及的 4 个帧画面。

虽然外滑工具和内滑工具通常用于 3 个相邻剪辑的中心，但是即使剪辑的一侧与某一剪辑相邻，只要另一侧为空白区，这两个工具也能正常工作。

（1）外滑编辑。外滑编辑可通过一次操作将剪辑的入点和出点前移或后移相同的帧数。使用外滑工具拖曳剪辑，用户可以更改剪辑的开始帧和结束帧，且不会改变其持续时间或影响相邻剪辑。

选择工具面板中的外滑工具，在时间线上，将鼠标指针停放在要调整的剪辑之上，按住鼠标左键向左拖曳剪辑可将剪辑的入点和出点后移，或者向右拖曳剪辑将剪辑的入点和出点前移。

Premiere Pro 会更新该剪辑的源入点和出点，并将结果显示在节目监视器窗口中，同时保持剪辑和序列的持续时间，如图 3-57 所示。

使用外滑编辑，剪辑被向左拖曳，其源入点和出点的时间也随之向后移动。

（2）内滑编辑。使用内滑编辑可移动剪辑的时间，同时修剪相邻剪辑以补偿移动点。当用户使用内滑工具向左或向右拖曳某剪辑时，前一个剪辑的出点和后一个剪辑的入点将按照该剪辑移动的帧数进行修剪。剪辑的入点和出点（即持续时间）保持不变。

选择工具面板中的内滑工具，将鼠标指针停放在要调整的剪辑之上，按住鼠标左键向左拖曳剪辑可以将前一个剪辑的出点和后一个剪辑的入点前移，或者向右拖曳剪辑可以将前一个剪辑的出点和后一个剪辑的入点后移，如图 3-58 所示。

图 3-57　　　　　　　　　　　　　　　图 3-58

释放鼠标左键时，Premiere Pro 会更新相邻剪辑的入点和出点，同时将结果显示在节目监视器窗口中，并保持剪辑和序列的持续时间。对所移动的剪辑做出的唯一更改是其在时间线中的位置。

在内滑编辑中，剪辑被向左拖曳，使其在序列中前移，从而缩短了前一个剪辑的时间并延长了下一个剪辑的时间。此时，节目监视器窗口显示的 4 个帧画面分别是被移动剪辑的入点帧和出点帧、前一剪辑的出点帧、后一剪辑的入点帧。

任务 5　设置序列

任务目标： 了解嵌套序列，进一步了解嵌套的使用，可以为复杂的序列添加效果。

素材文件： 本任务所需的素材文件位于"项目 3\ 任务 5　设置序列"文件夹中，包含"恩爱老人"和"音乐音效"文件。

扫码观看视频

1. 了解嵌套序列

嵌套序列是一个包含其他序列的序列。通过为每一个部分创建单独的序列，用户可以将一个时间周期较长的项目拆分成多个可单独管理的部分。并且可以将每一个序列（包含其所有剪辑、图形、图层、多个音频或视频轨道和效果）拖放到另外一个主序列中。嵌套序列的外观和行为与普通的单个音频或视频剪辑很像，对于不同的显示，用户可以单独打开并编辑其中包含的内容，并在主序列中看到更新后的变化。

嵌套序列有以下几种用途。

（1）通过创建单独的序列来简化编辑工作。这有助于避免冲突，防止因意外移动而破坏剪辑的情况发生。

（2）允许将一种效果应用到一组剪辑中。

（3）允许在多个其他序列中将嵌套序列当作原序列使用。可以为由多个部分组成的序列创建一个用于注释的序列，然后将它添加到每一个部分中。如果需要修改这个注释序列，在修改后，用户可以在它嵌套的所有位置看到更新后的结果。

（4）允许采用与在项目窗口中创建子文件夹相同的方式来组织作品。

（5）允许为一组剪辑应用过渡（这一组剪辑作为单个项目）。

在将一个序列剪辑到另外一个序列中时，时间线窗口左上角的按钮可以用来选择是将序列的内容添加进去，还是将它进行嵌套处理，如图 3-59 所示。

图 3-59

2. 添加嵌套序列

打开项目和序列后，可以通过以下 3 种方法添加嵌套序列。

（1）在项目窗口选中已有的序列或素材并单击鼠标右键，在弹出的快捷菜单中选择"从剪辑新建序列"命令，如图 3-60 所示。此时系统会生成一个和之前的序列或素材名称一样的新序列，内容上，新建的序列包含旧的序列（嵌套序列包含旧序列，旧序列中是具体的素材），如图 3-61 所示。

图 3-60

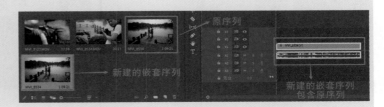

图 3-61

（2）在主序列时间线上，选中剪辑并单击鼠标右键，在弹出的快捷菜单中选择"嵌套"命令，如图 3-62 所示。此时，系统将弹出"嵌套序列名称"对话框，如图 3-63 所示。根据实际情况对所做的嵌套序列进行命名，单击"确定"按钮，完成嵌套。还可以选择菜单栏中的"剪辑→嵌套"命令，进行嵌套序列的操作，如图 3-64 所示。

用户可以在时间线上双击打开嵌套序列，对里面的内容进行编辑。

图 3-62

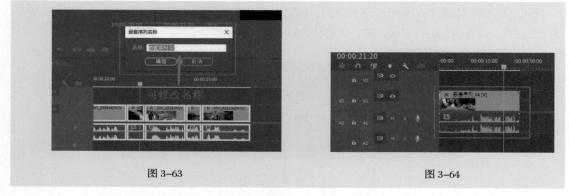

图 3-63   图 3-64

（3）在时间线上选中所有剪辑并单击鼠标右键，在弹出的快捷菜单中选择"制作子序列"命令，如图 3-65 所示。这时，系统将自动生成一个名称为"序列 01_Sub_01"的嵌套序列，并添加到项目窗口中。该嵌套序列与主序列时间线上的素材完全一致，相当于把主序列复制为一个新的子序列，如图 3-66 所示。同样，也可以通过选择菜单栏中的"序列→制作子序列"命令创建子序列，如图 3-67 所示。若为时间线上的部分剪辑创建子序列，这时，子序列是复制所选的剪辑新建的子序列，如图 3-68 所示。

图 3-65   图 3-66

图 3-67   图 3-68

使用方法（2）制作的嵌套序列会直接显示在时间线上，而使用方法（1）和方法（3）制作的嵌套序列可以直接拖曳到时间线上。

3. 为嵌套序列添加效果

在实际项目中，如果想为一组素材添加一个或多个相同的特效，需要逐一添加并调整效果属性，这样无疑会增加时间成本。使用嵌套序列，则可以节约这方面的时间成本。用户可以先将这组剪辑做成嵌套序列，再给这个嵌套序列整体添加效果，这样，嵌套序列中所有的剪辑都会具有该特效的效果。

除了为剪辑同时添加效果外，还有一些效果不能直接添加到剪辑素材中，需要结合使用嵌套序列。例如，剪辑上添加了时间加速或者减速效果，无法为该剪辑添加稳定效果，这时可以将做了时间变化的剪辑片段设置为嵌套序列，在嵌套序列上选择"效果→视频效果→扭曲→变形稳定器"效果，从而为剪辑添加稳定效果。

项目小结

通过本项目的学习，读者需要了解并掌握以下几点。

（1）素材编辑窗口和时间线中的命令和按钮等的名称和功能。

（2）运用菜单栏、命令和按钮等修剪素材的操作。

（3）高级修剪和的方法。

项目扩展——制作"恩爱老人"剪辑

素材文件： 本任务所需的素材文件位于"项目 3\ 项目扩展"文件夹中，包含"恩爱老人"和"音乐音效"文件。

使用所给的素材制作"恩爱老人"剪辑。具体步骤如下。

（1）导入素材。新建一个项目，将其命名为"恩爱老人"，如图 3-69 所示。

扫码观看视频

图 3-69

（2）新建一个分辨率为 1920 像素 ×1080 像素、帧速率为 25 帧 / 秒的序列，将素材导入项目窗口中，如图 3-70 所示。

图 3-70

（3）使用三点剪辑或者四点剪辑的方法，在项目窗口中选择合适的素材片段并添加到时间线上，如图 3-71 所示。

（4）将音乐素材导入项目窗口中，并添加到时间线上，为剪辑片段添加背景音乐，如图 3-72 所示。

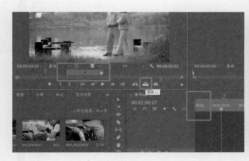 

图 3-71　　　　　　　　　　　　　　　　　图 3-72

（5）完成剪辑后，预览效果是否满意，若不满意可进行修改，如图 3-73 所示。

图 3-73

了解运动效果——
制作关键帧动画视频

情景引入

　　我们在生活中很少听到"关键帧动画视频"这样的说法，但是，关键帧动画视频在视频中无处不在，大家常见的电子相册、视频中形状的变换等都是用关键帧制作的。

　　关键帧动画视频的制作是指后期人员通过对镜头的理解与感受，将摄像师在拍摄过程中的固定镜头和图片素材进行运动效果的制作。

　　那么，为什么要加运动效果？都有什么样的运动效果？在 Premiere Pro 中是如何实现的？

　　本项目在介绍摄像机运动和运动镜头分类的基础上，主要讲解如何使用"效果控件"面板中的属性来控制素材的缩放、旋转、位移、不透明度等；通过对关键帧的设置，使影像呈现不同的运动效果。

学习目标

知识目标
● 了解摄像机的运动方式。
● 掌握视频镜头的分类方法。
● 学会使用"效果控件"面板调整属性。

技能目标
● 掌握设置关键帧的方法。
● 掌握调整运动效果的方法。
● 掌握"滚动画面"动画的制作方法。
● 了解摄像机如何运镜。
● 掌握如何按照视频镜头分类。
● 了解关键帧的设置原理。

素质目标
● 通过视频运动效果的制作，学会剪辑工作中的镜头处理和如何让镜头富有感情。
● 将理论与实践相结合，培养实践能力。

扫码观看思维导图

扫码观看视频

相关知识

视频镜头是从摄像机的角度来构成影片视点的，任何一个画面都要富有表现力，有姿势、有形状和有情感。重要的视频镜头最终都会交到后期人员手里。

4.1.1　运动镜头

摄像机的运动产生运动镜头。与固定镜头相比，运动镜头的特点是拍摄设备的镜头不是固定不动的，而是借助器械（如三脚架上的活动底座）来使镜头获得更多的表现形式。利用运动镜头，可以使相对于镜头中主体物的距离、位置或图形构成产生变化，因此运动镜头更多地用来加强画面之间的空间关系。改变观察角度，对观众的心理产生不同形式的冲击，不仅可以打破空间的限制，还可以更好地塑造形象。

运动镜头包括推、拉、摇、移、跟以及升降这 6 种基本形式。在这基础上，还发展出一些变化形式和运用辅助机械的形式。

1. 推镜头

推镜头指被摄主体位置不变，通过摄像机的运动或者焦距的变化，由远而近逐渐接近被摄对象的连续画面，如图 4-1 所示。

图 4-1

作用：由于机位及焦距的变化，取景范围逐渐缩小，画面里主体外的其他部分逐渐移出画面，主体的局部细节逐渐放大，多用于突出主体，强迫观众集中注意力，视觉感受得到加强。其可以表现一个从远处向目标不断走近的人的主观幻觉；代表剧中人物的主观视线的集中；把被摄主体从所处环境中突显出来；突出人物身体某一部分的表演；用来表示进入人的内心世界；与拉镜头配合使用可以作为画面的转场，推动情节发展；等等。

2. 拉镜头

拉镜头指被摄主体位置不变，通过摄像机的运动或者焦距的变化，由近而远逐渐远离被摄对象的连续画面，如图 4-2 所示。

图 4-2

作用：与推镜头的运动方向相反，取景范围由小变大，画面中的对象由少变多。拉镜头多用于交代主体所处的环境；结束一个段落进行转场或者收尾；拉的过程出现一些意外的画面或者被摄对象，创造戏剧效果；给观众呈现一种远离感，一般用在影片结尾；等等。

3. 摇镜头

摇镜头指摄像机焦距和位置不变，以三脚架上的活动底座（云台）为轴，原地转动拍摄的画面，如图 4-3 所示。

图 4-3

作用：介绍环境，可以交代事件发生的时间、地点、人物、环境等；建立同一时空中各个形象之间的关系；表现被摄主体的转移；作为主角的主观视角，加强观众的情感代入；表现人物的运动（寻找物体）；等等。

4. 移镜头

移镜头指拍摄时摄像机的位置发生变化，在移动中拍摄的画面。通常将摄像机安装在轨道上或者为摄像机配上滑轮，由此形成一种富有流动感的拍摄方式，如图 4-4 所示。

图 4-4

作用：移镜头的语言意义与摇镜头十分相似，但是比摇镜头的视觉效果更有张力；用移镜头拍摄的画面中不断变化的背景使镜头表现出一种流动感，一般用来表现场景中人与人、人与物、物与物之间的空间关系；可以创造特定的情感氛围（情感叠加），增强艺术感染力。

5. 跟镜头

跟镜头同样是一种移动镜头，具有一定的灵活性，最初是用手持或者肩扛摄像机拍摄，随着技术的发展，当下可以借助一些器材帮助完成拍摄，如摄影机稳定器、或者手持稳定器。摄像机的拍摄方向与被摄主体的运动方向一致或完全相反，且与被摄主体保持等距离（一般如此）的移动时，才可以称为跟镜头。

作用：跟镜头具有特别强烈的穿越空间感，既能够突出运动中的主体，又能交代物体的运动方向、速度、体态以及与与环境的关系；跟镜头跟随主体一起移动，形成一种运动的主体不变、静止的背景变化的效果。其常被用来展现人物的精神面貌，例如电影《流浪地球》中的跟镜头，如图 4-5 所示。

图 4-5

6. 升降镜头

升降镜头指摄像机上下运动拍摄的画面，一般利用升降设备（如升降机、摇臂、航拍器材等）辅助拍摄。

升降镜头是一种从多视点表现场景的方法，能够给画面带来视域的扩展和收缩，形成多角度、全方位的构图，其变化的技巧有垂直升降、斜向升降和不规则升降。

作用：不断改变摄像机的高度和角度，有利于表现纵深空间中的点面关系，给观众带来丰富的视觉感受，常常用来展示事件的发展规律或处于场景中上下运动的主体的主观情绪；与其他镜头和技巧结合，能够产生变化多端的视觉效果，如电影《不能说的秘密》用此镜头展示校园场景，如图 4-6 所示。

图 4-6

70

4.1.2　视频镜头分类

除了按照运动方式分类外，视频镜头还可以按照以下几种方式进行分类。

1. 按照表现方式可分为主观镜头和客观镜头

主观镜头是从主观层面出发，以摄像机代表被摄主体的视角进行拍摄。用主观镜头表现角色时，直接摄取其目击或感受的画面，带有明显的主观色彩，可以使观众产生身临其境、感同身受的感觉。例如，电影《不能说的秘密》中，参观老琴房时，通过主人公的视角展示了老琴房的屋内样子，属于主观镜头，如图 4-7 所示。

图 4-7

客观镜头，又称中立镜头，也是一种常见的拍摄手法。它不用影片中的角色的眼光来表现景物，而是直接模拟摄影师或观众的眼睛，以旁观者的角度纯粹、客观地描述人物活动和情节发展的镜头。例如，电影《不能说的秘密》中，男女主角两个人在街上骑车的镜头，就是用一组客观镜头来交代的，如图 4-8 所示。

图 4-8

2. 按照拍摄角度可分为仰拍、俯拍、平拍

仰拍指摄像机拍摄角度低于被摄主体水平线，从下往上拍摄。仰拍有助于表现景物的垂线构图，突出、夸张被摄物体的高度，有助于表达高大雄伟的气势，使主体突出、富有表现力。例如，电影《中国机长》就使用了一个仰拍镜头突出机长在所有乘客心中的地位，如图 4-9 所示。

图 4-9

俯拍指摄像机角度高于被摄物体水平线，从上往下拍摄。俯拍镜头可以以"上帝视角"交代人物或者被摄物体所处的具体环境，增加画面的全局感；有助于同时呈现前后景物，前景大、后景小，纵深感强；俯拍的景物容易产生变形，顶部大、底部小，营造压抑、低沉的气氛。例如，电影《流浪地球》中的俯拍镜头如图 4-10 所示。

图 4-10

平拍指摄像机角度与被摄物体在同一水平线,以平视的角度拍摄。平拍在拍摄中最常用到,因为平拍视角最接近于现实和人们的视觉习惯,形成的透视也比较正常,所拍摄的人物镜头,容易引起与观众之间的情感交流,有一种平易近人的感觉。平拍镜头更重视内容而非形式,趋向于真实,更具有代入感。

电影《流浪地球》通过平拍镜头,展示了人物在穿着同样制服的人群中,与其他人融为一体的画面,如图 4-11 所示。

图 4-11

3. 按照镜头的时长可分为长镜头和短镜头

长镜头的"长",指的是拍摄时开机点与关机点的时间距离,即影片片段的长短。长镜头并没有绝对的标准,是相对而言较长的单一镜头。长镜头所记录的时空以及事态进展是连续的、客观的、真实的,通常用来表达导演的特定构想和审美情趣。

短镜头需要伴随蒙太奇手法。蒙太奇手法可以通过频繁地切换一些有象征意味的镜头,在极短的时间内表达更多的内容。通过蒙太奇手法组合在一起的短镜头,一般富有节奏感,利用镜头之间的快速衔接,给观众视觉冲击。

4.2 "效果控件"面板

"效果控件"面板显示应用于当前所选剪辑中的所有效果。在 Premiere Pro 中,每个剪辑自带的固定效果包括视频效果和音频效果两种。视频效果包含运动、不透明度及时间重映射效果;音频效果包含音量、声道音量以及声像器。只有在音频剪辑或视频剪辑链接了音频的情况下,才会包括音量效果,"效果控件"面板主要包括 11 个部分,如图 4-12 所示。

扫码观看视频

(1)序列名称:展示该项目中某个序列的名字。

(2)剪辑名称:序列中需要添加效果的视频名称。

(3)时间线视图:可以对需要添加效果的视频进行关键帧的设置。

(4)"效果控件"面板:在这个面板中,可以进行相应的参数设置,可对画面的大小、位置及透明度等进行制作。

(5)当前时间指示器:显示所需要添加效果的视频在序列中的时间位置。

(6)当前时间:指鼠标指针在素材上的位置。

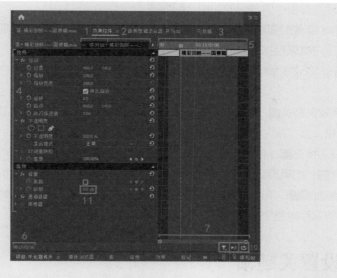

图 4-12

73

（7）缩放：用于缩放时间线视图的显示。

（8）过滤属性 ▼：仅显示添加了关键帧的属性和编辑后的属性。

（9）仅播放改剪辑的音频 ▶：播放在时间线上添加了出点、入点且有音频的段落。

（10）切换音频循环回放 🔁：循环播放在时间线上添加了出点、入点的段落。

（11）效果值：调整有音频素材的声音大小。

在 Premiere Pro 中，为某一段素材添加音频特效、视频特效或者需要设置运动的属性时，需要在"效果控件"面板中进行相应的参数设置和添加或删除关键帧，画面的大小、位置及透明度等效果也需要在这里进行设置，如图 4-13 所示。

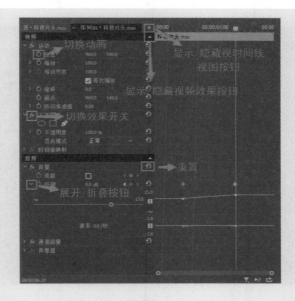

图 4-13

"效果控件"面板中的按钮的功能介绍如下。

（1）显示／隐藏时间线视图▶：该按钮用于控制右侧的时间线区域是否展开，右侧窗口用来协助预览效果，用户可以根据需要显示或隐藏它。

（2）显示／隐藏视频效果▲：该按钮用于控制视频特效是否展开，只有展开后才可以设置特效的属性。

（3）切换效果开关fx：该按钮用于控制是否应用特效，单击该按钮，当"fx"消失时表示关闭特效；单击该按钮，当"fx"出现时表示启用特效。

（4）展开／折叠✔：单击该按钮，可以展开或折叠特效的详细属性。

（5）重置↻：如果设置的属性不理想，单击该按钮可以复位当前的特效属性，回到初始状态。

（6）切换动画◎：单击该按钮，可以在播放头的位置添加一个关键帧，此时可以调整特效的属性，否则设置的属性对整个素材有效。

4.3 设置关键帧

关键帧指角色或者物体运动或变化中的关键动作所处的那一帧。在 Premiere Pro 中，可以通过创建关键帧来形成画面的运动效果。两个关键帧中间的动作叫作过渡帧或者中间帧，由软件自动完成。本节以画面放大效果为例，展示设置关键帧的方法。

为了使画面放大，需要为画面的"缩放"效果设置关键帧动画。关键帧的具体设置方法如下所示。

（1）在时间线上选中素材片段，将播放头移动到需要添加关键帧的素材片段的开始位置，在"效果控件"面板中找到"缩放"属性，会看到在它前面有一个秒表样式的按钮◎。需要在当前时间生成关键帧时，只需单击秒表按钮◎，软件即会自动生成一个菱形符号图标，即关键帧，如图 4-14 所示。注意，关键帧生成的位置是由播放头所在的位置决定的，因此可以通过按住鼠标左键并拖曳播放头的位置来改变关键帧的位置。

图 4-14

（2）拖曳播放头到所选素材片段的相应位置，调整"缩放"属性，软件会自动在当前位置生成一个关键帧，如图 4-15 所示。

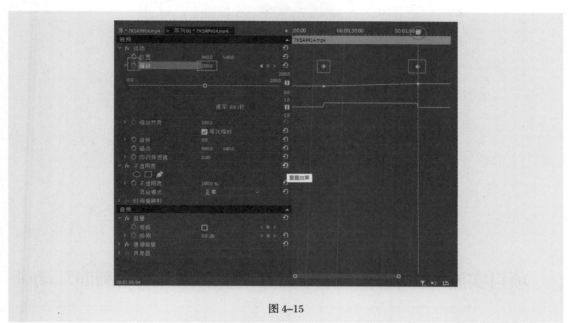

图 4-15

（3）如果用户需要修改关键帧所代表的数字或数值，必须先将播放头移到关键帧上面。例如，当用户需要修改前一个关键帧的数值时，可以通过单击"转到上一关键帧"按钮◀、直接按住鼠标左键拖曳或者按"←"键或"→"键以"帧"为单位左右移动播放头来实现，如图 4-16 所示。

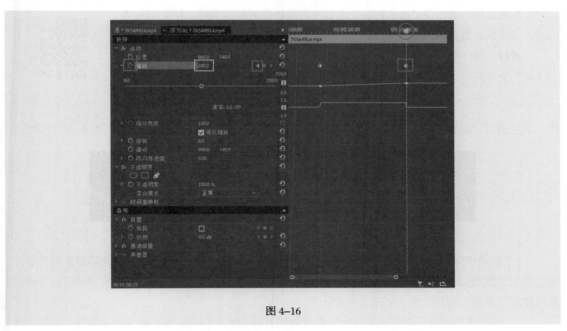

图 4-16

（4）如果需要在不改变当前数值的情况下生成关键帧，可以单击"添加 / 移除关键帧"按钮◉，此时会在当前播放头的位置生成一个数值与前面关键帧一样的关键帧，如图 4-17 所示。

图 4-17

🎯 项目实施——制作"时钟旋转"效果和"滚动画面"动画

本项目带领大家制作"时钟旋转"效果和"滚动画面"动画。

任务 1　设置"时钟旋转"效果

> **任务目标：** 通过在"效果控件"面板中调整各个素材的参数，并添加关键帧，设置素材画面的运动效果。
>
> **素材文件：** 本任务所需的素材文件位于"项目 4\ 任务 1　设置'时钟旋转'效果"文件夹中。

扫码观看视频

本任务以"时钟旋转"效果为例，介绍设置运动效果的方法。完成后的效果如图 4-18 所示。

图 4-18

（1）新建序列后导入"时钟"素材到项目窗口中，将素材拖曳到时间线上，并调整素材的长度，确定素材长度合适。注意，"表盘"素材应该放在最下方的视频轨道中，"时针"素材与"分针"素材放在"表盘"素材上方，如图 4-19 所示。

（2）分别将"时针"素材与"分针"素材调整到表盘的中心点位置，可以通过调整"效果控件"面板中的"位置"属性来实现。

（3）调整"分针"素材。选中"分针"素材，双击时间线窗口，拖曳红圈所示图标（锚点），将其移动到分针的圆点位置。采用同样的方法将时针的锚点拖曳到相同位置，如图 4-20 所示。

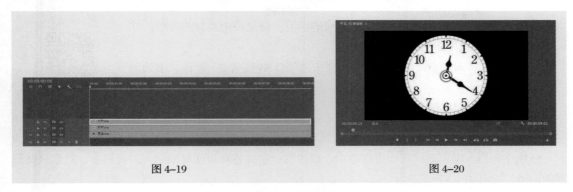

图 4-19　　　　　　　　　　　　　图 4-20

（4）在"效果控件"面板中调整"分针"素材的"旋转"属性。拖曳播放头到开始的位置，添加关键帧，如果分针不需要调整某个特定位置，可以不调整"旋转"属性，此处选择不调整。拖曳播放头到结束位置，设置关键帧，此时调整"旋转"属性到合适大小即可，如图 4-21 所示。

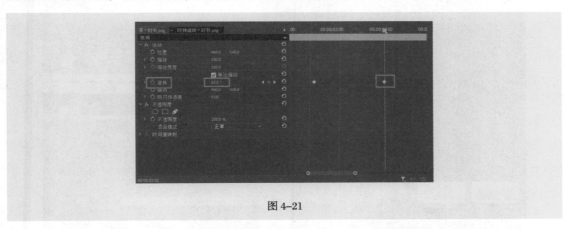

图 4-21

（5）采用同样的方法调整"时针"素材的"旋转"属性。添加关键帧的位置与分针保持一致，调整"旋转"属性，如图 4-22 所示。

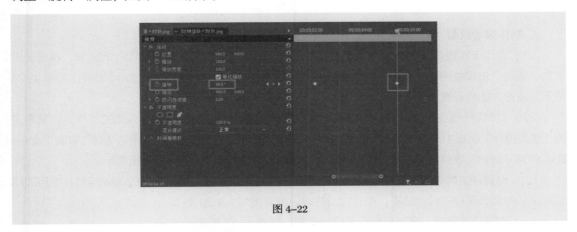

图 4-22

"时钟旋转"效果制作完成，播放查看效果。

任务2　制作"滚动画面"动画

任务目标：通过对"效果控件"面板的学习，调整各个素材的参数，并添加关键帧，设置素材画面的运动效果。

素材文件：本任务所需的素材文件位于"项目4\ 任务2　制作'滚动画面'动画"文件夹中。

扫码观看视频

1. 对素材进行基本的编辑

新建序列后，导入素材到项目窗口中，按住鼠标左键将背景素材拖曳到时间线上，对素材做适当的编辑，如图4-23所示。

图4-23

2. 制作滚动画面

（1）将用于制作滚动画面的图片素材添加到时间线上，先调整其中一张图片的比例，再通过设置其"运动"选项组中的"位置"属性制作关键帧动画，实现图片从右向左的滚动效果，如图4-24所示，注意为图片设置适当的运动时长。

（2）复制第一段素材的"运动"属性。在时间线上选中添加了"运动"效果的图片，在其对应的"效果控件"面板中选中"运动"选项组后单击鼠标右键，在弹出的快捷菜单中选择"复制"命令，即可将其"运动"效果粘贴到其他所有需要制作滚动效果的图片上，如图4-25所示。

（3）设置开始两张图片平稳匀速的滚动效果，适当控制这两张图片之间的间隔距离。采用同样的方法制作其他图片的运动效果，图片之间的间隔距离相同，如图4-26所示。

（4）预览整体效果，满意后保存并导出动画，如图4-27所示。

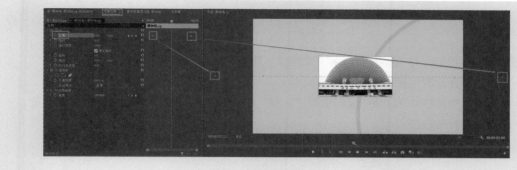

图 4-24

图 4-25

图 4-26

图 4-27

项目小结

通过本项目的学习，读者需要了解并掌握以下几点。

（1）使用图片制作视频的方法

（2）在"效果控件"面板中通过调整"位移""旋转""缩放"等属性制作动画的方法。

（3）关键帧的设置。

项目扩展——制作图片视频

素材文件： 本任务所需的素材文件位于"项目 4\ 项目扩展"文件夹中。

自由选择若干静止图像，通过设置关键帧和运动效果，完成动态视频的制作。具体步骤如下。

扫码观看视频

（1）导入素材。新建一个项目，将其命名为"图片视频"，如图 4-28 所示。

（2）新建一个分辨率为 1920 像素 ×1080 像素、帧速率为 25 帧 / 秒的序列，将素材导入项目窗口中，如图 4-29 所示。

图 4-28

图 4-29

（3）在"效果控件"面板中设置所有图片的大小，如图 4-30 所示。

图 4-30

（4）在"效果控件"面板中为每张图片设置"位置"属性，制作动画效果，如图 4-31 所示。

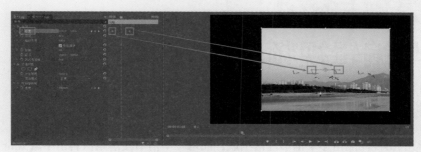

图 4-31

（5）完成剪辑并预览。完成剪辑后，查看效果是否满意，若不满意可进行修改，如图 4-32 所示。

图 4-32

05 ———————————————————— 项目 5

了解景别与镜头——
添加与编辑视频转场效果

情景引入

　　一部完整的影视作品由多个情节段落组成，而每一个情节段落则由若干个蒙太奇镜头段落组成。场面的转换首先是镜头之间的转换，同时也包括蒙太奇镜头段落之间的转换和情节段落之间的转换。为了使影视作品内容的条理性更重、层次的脉络更清晰，场面与场面之间的转换需要有一定的手法。转场的方法多种多样，但通常可以分为两类：一类是用特技制作转场，另一类是用镜头的自然过渡制作转场。前者也叫技巧转场，后者又叫无技巧转场去组接镜头，在组接的过程中，部分镜头依然需要通过对故事的理解添加运动和镜头与镜头之间的过渡。所以，转场效果是视频中常见的表现方式。

　　那么，为什么要给视频加转场效果？如何添加？在 Premiere Pro 中是如何实现的？

　　视频转场指的是视频中段落与段落、场景与场景、镜头与镜头之间的切换方式。本项目首先学习影视视听语言中的不同景别，了解不同景别在视听语言中所起的作用。然后在掌握镜头组接规律的基础上，重点学习 Premiere Pro 中视频转场的添加、删除和编辑方法，并利用视频转场实现影视镜头的切换，使画面流畅、过渡自然，从而优化视频。

学习目标

知识目标
- 了解景别的分类和作用。
- 了解镜头的基本组接规律。

技能目标
- 学会添加和删除视频转场的方法。
- 掌握视频转场的编辑方法。
- 能够熟练应用不同的转场效果。
- 掌握为"水果拼盘"视频添加转场的方法。

素质目标
- 培养掌握解决实际问题的能力。
- 培养耐心寻找解决问题的办法的能力。

扫码观看思维导图

扫码观看视频

相关知识

5.1 | 景别

　　景别指由摄像机与被摄体距离的不同而造成的被摄体在影视画面中所呈现出来的范围大小的区别。简单来说，当大家使用手机进行拍摄时，如图 5-1 所示，对主要被摄景物或主要人物在手机显示屏上所呈现的画面大小加以区分，就是景别。

图 5-1

5.1.1　景别的分类

　　景别一般分为 5 类，按照画面中人物身体所占画面的比例进行划分，由远及近依次是远景、全景、中景、近景、特写，如图 5-2 所示。在远景和全景之间有一个细分景别，称为大全景；在中景和近景之间有一个细分景别，称为中近景；特写的细分景别称为大特写。

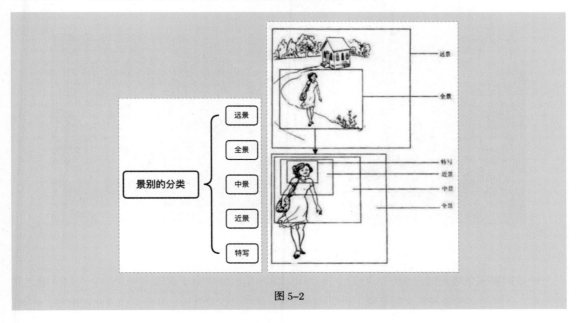

图 5-2

5.1.2　景别的作用

在电影中，导演和摄影师利用复杂多变的场面调度和镜头调度，交替地使用不同的景别，可以使影片剧情的叙述、人物思想感情的表达、人物关系的处理更具有表现力，从而增强影片的艺术感染力。

远景：在一部电影的开场或情节的结尾，经常会看到远景画面，图5-3所示为电影《中国机长》的远景镜头。远景在影像中的作用是为影片定下基调，介绍故事发生的地点、环境，展示主人公的活动空间等。

图 5-3

远景中的被摄人物或景物通常占到镜头画面的 2/5，有时甚至占到镜头的 3/5 左右，是一般视频拍摄中最为重要的镜头，它几乎包含了一段视频片段的所有要素。远景可以描绘一个足球场、一个度假中心或者一个海水浴场等。

全景：使人物的全身都可见的景别。不过用全景拍摄出来的画面没有多余的空间，画面看起来会比较挤，所以在拍摄全景时，需要在头顶和脚底留出一定的距离，除非是极特殊的情况下，否则不建议主体人物紧贴视频边框，如图5-4所示。

图 5-4

全景用来表现场景的全貌或人物的全身动作，在影视语言中用于表现人物之间、人与环境之间的关系。全景画面主要表现人物全身，活动范围较大，体型、衣着打扮、身份交代得比较清楚，环境、道具也交代得比较清楚。

中景：俗称"七分像"，指拍摄人物小腿以上部分的镜头，或用来拍摄与此相当的场景的镜头，是表演性场面的常用景别，图5-5所示为影片《中国机长》中的中景镜头。中景画面是叙事性的景别，所以在平时的视频拍摄中的占比比较大。

图5-5

中景在两人或三人的对话场景中使用最频繁。脸部的表情和身体语言都能在此景别中得到很好的体现，且镜头中还包含足够的背景，可以让观赏视频的人获得丰富的信息，因此用中景表现多人互动时，可以清晰地表现人物之间的关系。

近景：指拍摄胸部以上的影视画面，有时也用于表现景物的某一局部。近景视觉效果比较鲜明，有利于对人物的容貌、神态、衣着、动作进行描写，可以表现人物的情感交流，揭示人物的内心活动，如图5-6所示。

图5-6

近景的屏幕形象是近距离观察人物的体现，也是人物之间进行情感交流的景别。近景着重表现人物的面部表情，传达人物的内心世界，是刻画人物性格最有力的景别。近景中的环境处于次要地位，画面构图应尽量简练，避免杂乱的背景夺取观众视线，因此常用长焦镜头拍摄，利用景深小的特点虚化背景。

特写：指摄像机在很近的距离内拍摄对象。通常以人体肩部以上的头像为取景参照，突出、强调人体的某个局部，或相应的物件细节、景物细节等，如图 5-7 所示。特写可以表达、刻画人物的心理活动和情绪变化；起到震撼观众、吸引观众注意力的作用；可以交代观众一般注意不到的事物。由于特写的空间感表现不强，常常被用作转场画面。

图 5-7

特写镜头是电影画面中视距最近的镜头，因为其取景范围小、画面单一，表现的对象可以在整个环境中凸显出来，形成强调效果。特写镜头能够表现人物面部表情的变化，使欣赏者在视觉上和心理上受到感染。

5.2 镜头组接

镜头组接是将单独的镜头画面按照一定的逻辑和构思，有意识、有创意和有规律地连接在一起，形成一段完整的影像画面。掌握镜头组接的规律和方法，才能将一部影片中的众多镜头合乎逻辑地、有节奏地组接在一起，从而使观众感同身受，引人入胜。

5.2.1 影视剪辑的画面处理技巧

本小节主要讲解影视剪辑的画面处理技巧，常用的处理技巧如下。

淡入：指下一段戏的第一个镜头亮度由零逐渐增至正常的强度，犹如舞台的"幕启"。例如，电影《缝纫机乐队》开始时的"淡入"效果如图 5-8 所示。

淡出：指上一段戏的最后一个镜头由正常的亮度逐渐变暗到零，犹如舞台的"幕落"，与淡入是近乎相反的过程。

叠：指前后画面不消失，都有部分"留存"在银幕或荧屏上。它通过分割画面来表现人物的联系、推动情节的发展等。

化：又称"溶"，指前一个画面刚刚消失，后一个画面又同时涌现，完成画面内容的更替。化的过程通常有 3 秒左右。化通常用于时间转换，表现梦幻、想象、回忆；表现景物变幻莫测，令人目不暇接；自然承接转场，叙述顺畅、光滑。例如，电影《我的父亲母亲》中镜头就使用了"化"的技巧，如图 5-9 所示。

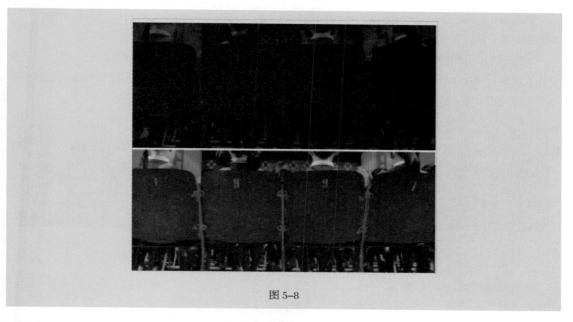

图 5-8

图 5-9

划：又称"划入划出"。它不同于化、叠，是使用线条或几何图形，如圆、菱、帘、三角、多角等形状改变画面内容的一种技巧。例如，使用"圆"的方式又称为"圈入圈出"；使用"帘"的方式又称为"帘入帘出"，即像卷帘子一样，使镜头中的内容发生变化。

　　倒正画面：以银幕或荧屏的横向中心线为轴线，经过 180° 的翻转，使原来的画面由倒到正，或由正到倒。

　　翻转画面：以银幕或荧屏的竖向中心线为轴线，使画面经过 180° 的翻转而消失，引出下一个镜头。例如，电影《中国机长》中翻转的镜头如图 5-10 和图 5-11 所示。翻转画面一般用于表现新与旧、穷与富、喜与悲、今与昔的强烈对比。

图 5-10　　　　　　　　　　　　　　　　图 5-11

　　多屏画面转场：这种技巧有"多画屏""多画面""多画格"和"多银幕"等多种名称，是近代影视表现的新手法。把银幕或者屏幕一分为多，可以使双重或多重的情节齐头并进，极大地压缩了影片的展示时间。例如，在电影《煎饼侠》中打电话的场景，电话两边的人同时出现在画面中，是一个多屏画面转场，如图 5-12 所示。

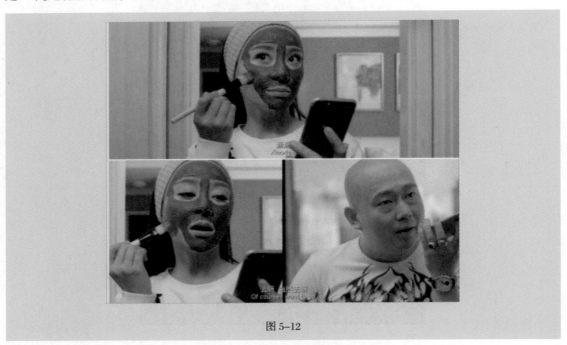

图 5-12

5.2.2　镜头的组接原则

　　镜头的组接不是随意的，必须符合观众的思想方式，还要符合生活和思维的逻辑，同时表达的主题与中心思想一定要明确，只有这样，才能让视频画面看起来有条理性，不会使观众感到突兀或者难以接受。镜头的组接通常需要遵循以下原则。

1. 景别的变化要"循序渐进"

在表现场景变化的影片中，循序渐进地变换不同视觉距离的镜头，可以完成视频的顺畅连接，形成不同的蒙太奇句型。常见的有以下 3 种句型。

前进式句型：这种句型指景物由远景、全景向近景、特写过渡，用来表现由低沉到高昂向上的情绪变化和剧情的发展。

后退式句型：这种句型是由近到远，用来表现由高昂到低沉、压抑的情绪变化，在影片中表现由细节扩展到全部。

环行句型：把前进式句型和后退式句型结合在一起使用，可由全景—中景—近景—特写，再由特写—近景—中景—远景。表现情绪由低沉到高昂，再由高昂转向低沉的变化。这类句型一般在故事片中较为常用。

2. 避免雷同镜头组接在一起

在组接镜头的时候，同一机位、同一景别又是同一主体的画面不能组接，因为这样的镜头中景物变化小，接在一起好像同一镜头不停地在重复。遇到这种情况，最好的办法是采用过渡镜头。可以从不同角度拍摄画面，穿插字幕过渡，让表演者的位置、动作变化后再组接。

这样组接后的画面就不会产生跳动、断续和错位的感觉。

3. 注意遵循轴线原则

在主体物进出画面时，需要注意拍摄的总方向，人物运动的方向和人物相互交流的位置之间有一条无形的线，这条线称为"轴线"。摄影的"轴线原则"是指拍摄的画面不能有"越轴"现象。在拍摄的时候，如果摄像机始终位于主体运动轴线的同一侧，则画面的运动方向、放置方向都是一致的，否则就是"越轴"。越轴的画面除了有特殊的需要以外是无法组接的。所以，在组接镜头时，要时刻保证同一场戏、同一轴线的镜头组接在一起，如图 5-13 所示。

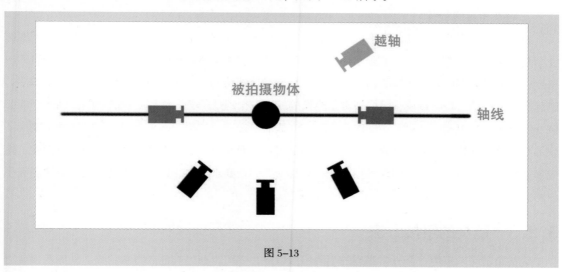

图 5-13

4. 组接镜头要遵循"运动接运动""静止接静止"的原则

如果画面中同一主体或不同主体的动作是连贯的，可以动作接动作，达到顺畅、简洁过渡的目的，简称为"运动接运动"。如果两个画面中的主体运动是不连贯的，或者它们中间有停顿，则这两个镜头的组接，必须在前一个画面主体做完一个完整动作停下后，再接上一个从静止到开始的运动镜头，这就是"静止接静止"。组接"运动接运动"时，前一个镜头结尾停止的片刻叫"落幅"，后一个镜头运动前静止的片刻叫作"起幅"，起幅与落幅的时间间隔为 1 ~ 2 秒。运动镜头和固定镜头组接，同样需要遵循这个原则。如果一个固定镜头要组接一个摇镜头，则摇镜头开始要有起幅；相反，一个摇镜头组接一个固定镜头，那么摇镜头要有落幅，否则画面会给人一种跳动感。有时为了制作特殊效果，也会有"静止接运动"或"运动接静止"的镜头存在。

5. 镜头的时长

在进行镜头的组接时，每个镜头的时间长短要根据其表达内容的难易程度和观众的接受能力来决定，其次还要考虑画面构图等因素。由于画面中场景不同，画面所表现的内容也不同。远景、中景等镜头大的画面包含的内容较多，观众要看清楚这些画面中的内容，所需要的时间就相对长些；而对于近景、特写等镜头小的画面，所包含的内容较少，观众只需要很短的时间即可看清。另外，一幅或者一组画面中的其他因素，也会直接决定画面的长短。例如，画面中亮的部分比暗的部分更能引起人们的注意，因此如果该幅画面要表现亮的部分，画面持续时间长度应该短些；如果要表现暗的部分，则画面持续时间长度应该长一些。在同一幅画面中，动的部分比静的部分先引起人们的注意。因此如果要重点表现动的部分，画面持续时间长度要短些；如果要表现静的部分，则画面持续时间长度应该稍微长一些。

6. 镜头的组接要遵循画面中的色彩规律

黑白画面，不论原来是什么颜色，都是由深浅不同的黑白色组成软硬不同的影调来表现的；而彩色画面，则是通过不同的明暗层次和色彩过渡来表现画面的不同主题。无论是黑白画面还是彩色画面的组接，都应该保持画面影调的一致性。如果把明暗或者色彩对比强烈的两个镜头组接在一起（除了有特殊的需要外），会使人感到生硬和不连贯，影响画面的流畅性。

7. 镜头组接的节奏

影视节目的题材、样式、风格以及情节的环境气氛、人物的情绪、情节的起伏跌宕等是把握影片节目节奏的总依据。影片节奏除了通过演员的表演、镜头的转换和运动、音乐的配合、场景的时空变化等因素体现以外，还需要运用组接手段严格掌握镜头的尺寸和数量，整理、调整镜头顺序，删除多余的枝节。也可以说，组接节奏是组接的最后一个组成部分。处理影片节目的任何一个情节或一组画面时，都要从影片表达的内容出发来处理节奏问题。如果在一个宁静祥和的环境里使用了快节奏的镜头转换，就会使观众觉得突兀，难以接受。而在一些节奏强烈、激荡人心的场面中，就应该考虑种种冲击因素，使镜头的变化速率与观众的心理要求一致，通过增强观众的情绪达到吸引注意力和引导模仿的目的。

5.2.3　镜头的组接方法

镜头除了可以采用符合光学原理的手段组接以外，还可以通过其他的方法组接，从而使镜头之间的切换更加自然、顺畅，以下介绍几种在视频编辑中有效的镜头组接方法。

（1）连接组接：用相连的两个镜头或者两个以上的一系列镜头表现同一主体的动作。

（2）队列组接：镜头相连但不是同一主体的组接，由于主体的变化，下一个镜头主体的出现，观众会联想到前后画面的关系，起到呼应、对比、隐喻、烘托的作用。队列组接往往能够创造性地揭示出一种新的含义。

（3）两极镜头组接：它是由特写镜头直接切换到全景镜头或者从全景镜头直接切换到特写镜头的组接方式。这种方法能够使情节的发展在动中转静或者在静中变动，给观众带来的直观感极强，在节奏上形成突如其来的变化，产生一种特殊的视觉和心理效果。

（4）同镜头组接：将同一个镜头分别在几个地方使用。运用该种组接技巧的时候，往往是出于以下几个方面的考虑。

①所需要的画面素材不够。

②有意重复某一镜头，用来表现某一人物的情思和追忆。

③为了强调某一画面所特有的象征性的含义以引发观众的思考。

④为了让首尾相互呼应，从而在艺术结构上给人以完整而严谨的感觉。

（5）画面的匹配组接：组接画面时，前后镜头应当保持和谐一致的关系，这种和谐就是画面的匹配，主要包括位置的匹配、方向的匹配和运动的匹配等。

①位置的匹配：同一主体、不同景别的前、后两个镜头进行组接时，主体应在画面的相同位置；当两个画面有对应或有冲突关系时，两者应在相对位置。

②方向的匹配：方向主要是人物视线的方向和运动的方向，方向的匹配就是保持定位人物视线方向的一致和运动方向的统一。例如，电影《不能说的秘密》中的镜头视线组接片段如图 5-14所示。

图 5-14

③运动的匹配：运动的匹配是指组接画面中运动的主体的前、后两个镜头时，保持动作的连贯性，运动速度相同或相近，设定的运动方向一致。

（6）特写镜头组接：上个镜头以某一人物的某一局部（头或眼睛）或某个物件的特写画面结束，然后从这一特写画面开始，逐渐扩大视野，以展示另一情节的环境。目的是让观众的注意力集中在某一个人的表情或者某一事物的时候，不知不觉就转换了场景和叙述内容，而不使人产生陡然跳动的不适之感。

（7）景物镜头组接：在两个镜头之间借助景物镜头作为过渡。其中，以景为主、物为陪衬的镜头，可以展示不同的地理环境和景物风貌，也可以表示时间和季节的变换，也是以景抒情的表现手法；以物为主、景为陪衬的镜头，往往用来进行镜头转换。

镜头的组接方法多种多样，应按照创作者的意图，根据情节的内容和需要而创造，没有具体的规定和限制。在具体的影视镜头编辑中，可以尽量根据情况发挥，但不要脱离实际需要。

5.3 应用转场效果

剪辑的转场又称为"过渡"，指的是镜头之间的衔接方式，转场分为硬切和软切两种。硬切指的是两段剪辑片段首尾直接相接；软切是指相邻两片段之间设置了过渡方式，有转场效果。硬切和软切都是常用的转场方式，具体使用需根据剪辑的需要来决定。使用转场时，必须在片段的开始、结尾或者相邻的两个片段之间进行设置。

在 Premiere Pro 中，转场效果在"效果"面板的"视频过渡"文件夹中，按转场类型分别存放在不同的子文件夹中，如图 5-15 所示，用户可以根据需要随时调用。

图 5-15

5.3.1 添加转场效果

添加转场效果，让剪辑片段以某种效果切换到下一片段，是编辑视频的常用手段。本小节带大家学习添加转场的基本方法。

（1）将视频素材拖曳到时间线窗口的视频轨道中，排好顺序，使其无缝连接。

（2）在"效果"面板中找到"视频过渡"文件夹。展开不同转场效果的文件夹，把选中的转场效果拖曳到时间线窗口中要添加转场效果的素材之间，素材间出现转换标志。

也可以在两段素材中间单击鼠标右键，在弹出的快捷菜单中选择"应用默认过渡"命令，如图 5-16 所示。

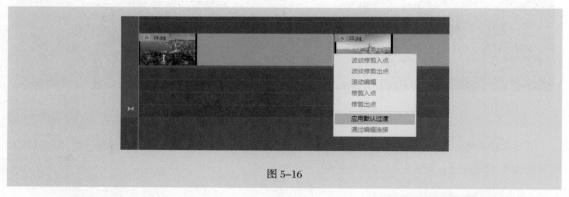

图 5-16

默认的转场效果可以自定义，在"效果"面板中展开"视频过渡"文件夹，在需要的转场效果上单击鼠标右键，在弹出的快捷菜单中选择"将所选过渡设置为默认过渡"命令即可，如图 5-17 所示。

（3）改变视频场景转场效果的参数。选中视频轨道中添加的视频转场效果，打开"效果控件"面板，对效果进行设置。需要设置的有切换持续时间、切换校准的位置、切换过程中相邻素材边缘的线条及切换方向。没有特殊要求时可以直接使用转场效果的默认设置。

图 5-17

92

5.3.2　添加单侧转场

单侧转场指在剪辑片段的一侧添加转场效果，即转场效果仅用于一个剪辑的一段切换。可以在序列的第一个剪辑上应用淡入效果（从黑场进入画面），或者在结尾应用一个淡出效果，使得最后只留下屏幕。以下是添加单侧转场的具体操作方法。

（1）打开序列，在"效果"面板中展开"视频过渡→溶解"文件夹，找到"交叉溶解"效果，如图 5-18所示。

（2）按住鼠标左键，将效果拖曳到第一个剪辑的开头。对于第一个剪辑，只能将效果设置为开始位置对齐，如图 5-19 所示。

（3）使用同样的方法，将"交叉溶解"效果拖曳到最后一个剪辑的末尾，添加淡出的效果，如图 5-20所示。

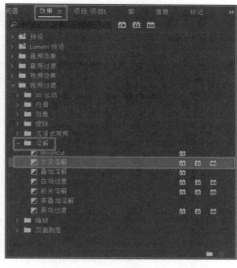

图 5-18

93

对于最后一个剪辑，只能将效果设置为结束位置对齐。溶解图标表明效果将从剪辑结束之前开始，并在剪辑结束时完成。因为在剪辑的末尾应用了"交叉溶解"效果，这个位置没有链接的剪辑，所以图像将溶解在时间线的背景中（背景宜为黑色）。这种类型的转场效果并不会将剪辑拉长（使用手柄），因为转场效果没有跨越剪辑的末尾。

图 5-19　　　　　　　　　　　　　　　　图 5-20

（4）播放序列，查看效果。最终呈现的效果是序列的开头看到一个淡入画面，并在结尾看到一个淡出的渐黑画面。

以这种方式应用"交叉溶解"效果，看起来虽然与"渐隐为黑"效果相似，但后者是切换到黑色，而"交叉溶解"效果是让剪辑片段逐渐变为透明。当处理剪辑的多个图层，或者剪辑有不同颜色的背景图层时，这一区别将更为明显。

5.3.3　在相邻两个剪辑之间应用转场效果

在相邻两个剪辑之间应用转场效果是一种常见的转场形式，具体指通过"效果控件"面板，在两个剪辑之间建立一段相交的片段，形成前一剪辑逐渐消失，后一剪辑逐渐出现的效果。具体操作步骤如下。

（1）打开序列，在"效果"面板中展开"视频过渡→滑动"文件夹，找到"推"效果，如图 5-21所示，按住鼠标左键，将"推"效果拖曳到两段剪辑之间的编辑点上。在相邻两个剪辑之间，可以应用"视频过渡"文件夹中的任何一种转场效果。

（2）在时间线上选中"推"效果，进入"效果控件"面板，勾选"显示实际源"复选框，显示过渡的预览效果。在此面板中，可以修改转场效果的属性，如过渡方向、对齐方式、边框等，如图 5-22 所示。

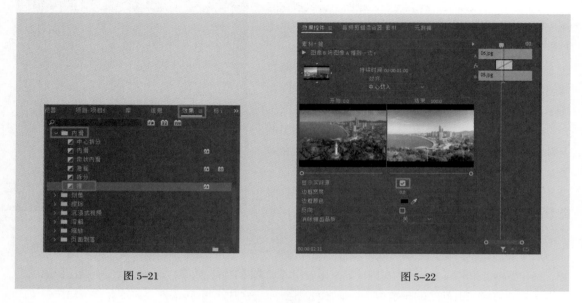

图 5-21 图 5-22

5.3.4 同时为多个剪辑应用转场效果

在 Premiere Pro 中，还可以对静止图像、图形、颜色蒙版甚至音频应用效果。其中，用户最常遇到的是静止图像。在静止图像之间应用转场效果，可以将若干图像变成一个动态视频，使其更加生动。一次为大量图像应用转场效果将花费大量的时间。Premiere Pro 提供了批量添加转场效果的功能，使多个镜头之间的转换变得更加轻松。具体操作步骤如下。

（1）打开序列，在项目窗口中导入需要的素材。

（2）在时间线上对素材进行排序和剪辑，确定剪辑顺序。

（3）选择"选择工具"，按住鼠标左键，在所有剪辑周围绘制一个选取框以将它们全部选择，如图 5-23 所示。

（4）按照前文讲到的方法，将"交叉溶解"效果设置为默认的转场效果，如图 5-24 所示。

图 5-23 图 5-24

（5）选择菜单栏中的"序列→应用默认过渡到选择项"命令，将设置的默认转场效果应用到所选的剪辑片段上，如图 5-25 所示。

图 5-25

素材的最终效果如图 5-26 所示，每个片段前后都添加了一个时长为 1 秒的默认转场效果，可以预览查看，或者修改时长。

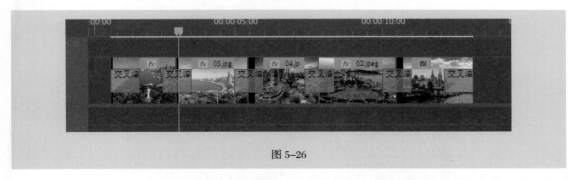

图 5-26

如果素材箱中的素材片段是按照顺序排好的，可以直接执行"自动匹配序列"命令。将开头两段素材拖曳到时间线上，添加一个默认转场效果，将播放头移动到第二段素材的最后，选中剩余素材，单击项目窗口右下角的"自动匹配序列"按钮 ，软件会自动将剩余素材添加到时间线上，并完成所有素材的转场效果的添加，这里添加的也是默认的转场效果。

项目实施——制作"水果拼盘"视频

下面我们对"水果拼盘"视频进行剪辑，为其添加转场效果。

任务 1　了解素材的不同景别并罗列素材

任务目标： 学习如何罗列素材。

素材文件： 本任务所需的素材文件位于"项目 5\ 任务 1　了解素材的不同景别并罗列素材"文件夹中。

扫码观看视频

（1）观看提供的所有素材，构建一个大体框架，如图 5-27 所示。

图 5-27

（2）导入素材。新建一个项目，将其命名为"水果拼盘"，如图 5-28 所示。

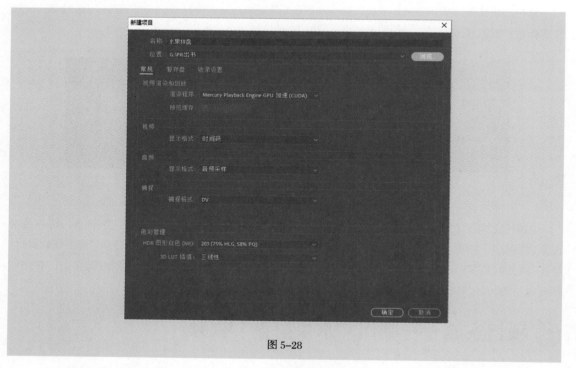

图 5-28

（3）新建一个分辨率为 1920 像素 ×1080 像素、帧速率为 25 帧 / 秒的序列，如图 5-29 所示。

图 5-29

（4）在项目窗口中选择合适的素材片段并将其添加到时间线上，如图 5-30 所示。具体思路是"小朋友在玩耍（全景）—妈妈在准备食物（全景）—展示准备了什么食物（近景或特写）—桌子上的菜越来越多（全景）—妈妈摆放最后一盘菜（近景）—妈妈露出了满意的笑容（中景或全景）"。

按照顺序将相应镜头添加到时间线上，同时修改其长度，使其符合预期。

图 5-30

（5）这里需要注意的是，妈妈摆放食物的镜头景别大多相似，可以在中间插入食物的镜头进行过渡，使画面更有节奏感，如图 5-31 所示。

图 5-31

任务 2　添加合适的转场效果

任务目标： 学习如何给素材加上合适的转场效果，使整个剪辑流畅自然。

素材文件： 本任务所需的素材文件位于"项目 5\ 任务 2　添加合适的转场效果"文件夹中。

扫码观看视频

（1）在"效果"面板中找到"交叉溶解"效果，如图 5-32 所示。

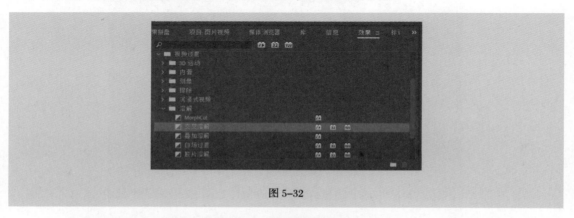

图 5-32

（2）将"交叉溶解"效果添加到需要添加转场效果的素材上，如图 5-33 所示。例如，妈妈忙碌的镜头可以添加"交叉溶解"效果（可以批量添加转场效果）。

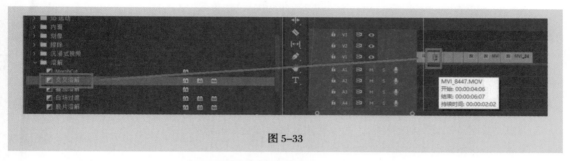

图 5-33

（3）针对菜品展示，可以应用"推"效果，如图 5-34 所示。

图 5-34

（4）将"交叉溶解"效果添加到需要添加转场效果的素材上，如图 5-35 所示。

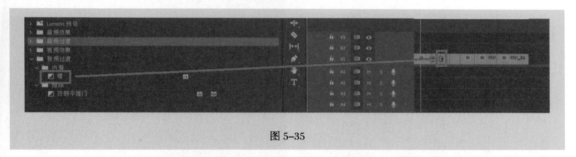

图 5-35

（5）预览剪辑，调整转场效果的时长。完成剪辑后，预览效果，若不满意可进行修改，如图 5-36 所示。

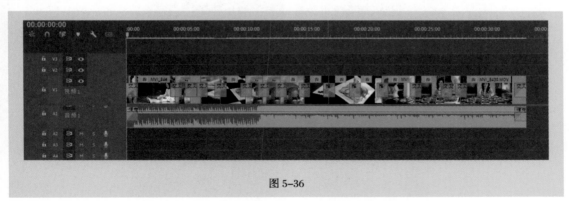

图 5-36

项目小结

通过本项目的学习，读者需要了解并掌握以下几点。

（1）各种转场效果的添加、清除。

（2）各种转场效果的属性设置。

（3）根据各视频素材的特点，为各视频素材添加合适的转场效果。

（4）优化转场效果或弥补视频素材的不足。

项目扩展——制作电子相册

素材文件： 本任务所需的素材文件位于"项目5\ 项目扩展"文件夹中。

对所给素材进行剪辑，注意镜头语言的应用，在相应位置合理添加转场效果。具体步骤如下。

扫码观看视频

（1）导入素材。新建一个项目，将其命名为"电子相册"，如图 5-37 所示。

（2）新建一个分辨率为 1920 像素 ×1080 像素、帧速率为 25 帧 / 秒的序列，将素材导入项目窗口中，如图 5-38 所示。

图 5-37

图 5-38

（3）在项目窗口中选择合适的素材片段并将其添加到时间线上，如图 5-39 所示。

（4）在"效果"面板中找到合适的转场效果并将其添加到素材中，如图 5-40 所示。

（5）完成剪辑并预览。完成剪辑后，预览效果，若不满意可进行修改，如图 5-41 所示。

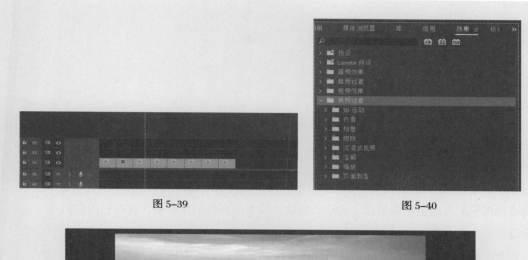

图 5-39　　　　　　　　　　　　　　　　　图 5-40

图 5-41

06

了解风格化调色——制作视频特效

情景引入

在影视中，人工制造出来的假象和幻觉称为影视特效（也称为特技效果）。电影摄制者利用它们来避免让演员处于危险的境地、减少电影的制作成本，或者利用它们来让电影更扣人心弦。

那么，什么是特效？都有什么样的特效？在 Premiere Pro 中是如何实现的？

制作视频特效是非线性编辑软件的重要功能之一。利用 Premiere Pro 为素材添加视频特效，不仅可以使影片镜头在时间和空间上发生变化，而且能够弥补前期拍摄的不足，从而达到改善视觉效果、提高艺术感染力的目的。本项目将带领读者了解 Premiere Pro 的视频特效，学习怎样利用常用的视频特效使影片达到更好的效果；同时，介绍使用 Premiere Pro 对影片进行颜色校正的方法。

学习目标

知识目标
- 熟练掌握"效果"面板的使用。
- 熟练掌握常用特效的使用。
- 熟练掌握示波器的使用。
- 熟练掌握调色工具的使用。

技能目标
- 掌握基本的颜色校正方法。
- 掌握风格化调色方法。

素质目标
- 通过视频特效的学习，提升审美能力，提高独立思考的能力。

扫码观看思维导图

扫码观看视频

相关知识

6.1　使用视频特效

在数字视频中使用视频特效的作用有很多，可以解决图像质量问题，如曝光过度、曝光不足、色彩偏差等；也可以解决各种制作问题，如摄像机抖动和果冻效应；还可以改变色彩或扭曲素材，并且可以在帧内对素材的大小和位置进行动画处理。

6.1.1　"效果"面板

Premiere Pro 的"效果"面板中有许多效果，其中，"Lumetri 预设"是软件为用户准备的调色预设；其余效果主要分为视频和音频两大类，每种分类又可分为效果和过渡两类，如图 6-1 所示。本节主要介绍视频效果，由于可供选择的效果有很多，因此系统将视频效果分为 19 个类别，如图 6-2 所示。如果安装了第三方效果插件，则可用的效果会更多。

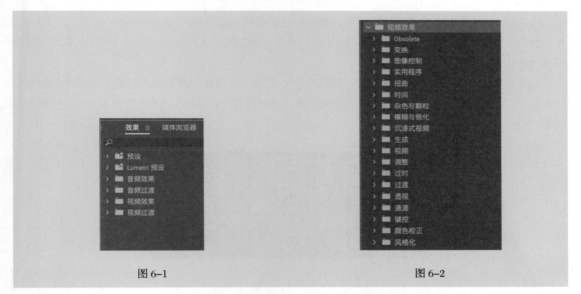

图 6-1　　　　　　　　　　　　　　　　图 6-2

效果按照其功能进行分组，包括扭曲、模糊与锐化、时间等，每组包含若干效果，如"模糊与锐化"效果组中就包括"方向模糊""高斯模糊"等效果，如图 6-3 所示。

在浏览视频效果时，可以看到几个图标，如图 6-4 所示。通过这些图标可以选择要使用的效果。

"加速效果"图标██：表示可以使用图形处理单元（Graphics Processing Unit，GPU）来加速效果。GPU（通常称为视频卡或显卡）可以极大提升 Premiere Pro 的性能。Premiere Pro 中的水银回放引擎支持的显卡范围非常广泛，在安装了支持的显卡后，这些效果通常提供加速甚至实时显示性能，并仅需要在最终导出时进行渲染。在 Premiere Pro 的产品页面中可以找到支持的显卡列表。

图 6-3　　　　　　　　　　　　　　　图 6-4

"32 位颜色（高位深）效果"图标 ▦：表示带有 32 位颜色支持图标的效果可以在每个通道 32 位模式中处理，也被称为高位深效果或浮点处理效果。

在下述情况中，应该使用高位深效果。

（1）处理的视频镜头带有每通道 10 位或 12 位的解码器（如 RED、ARRIRAW、AVC-Intra100、DNxHD、ProRes 或 GoPro CineForm）。

（2）在对任意素材应用多种效果后，想要保持更高的视频质量。

此外，在每通道 16 位或 32 位色彩空间中渲染的 16 位照片或 Adobe After Effects 文件可以使用高位深效果。

如果在编辑时没有使用 GPU 加速，可以在软件模式下应用高位深效果，但这要确保序列设置已经勾选了"以最大深度渲染"复选框。该复选框在"导出设置"对话框的"视频"选项卡中，如图 6-5 所示。

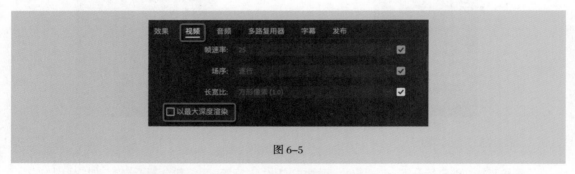

图 6-5

"YUV 效果"图标 ▦：表示效果在 YUV 空间中处理颜色，这在调色过程中尤为重要。不带 "YUV 效果"图标的效果会在计算机的原生 RGB 空间中进行处理，而这会导致在调整曝光和颜色时调整得不准确。

6.1.2　应用效果

扫码观看视频

"效果"面板中绝大多数视频效果的参数调整可以在"效果控件"面板中进行，可以为每一个效果都添加关键帧，还可以使用贝塞尔曲线调整这些关键帧动画的速度和加速度。

下面通过案例来介绍"效果"面板的具体应用。

（1）打开文件夹"项目 6\6.1.2"，将素材"1"与素材"2"导入 Premiere Pro 中。

（2）将素材"1"与素材"2"添加到时间线上，如图 6-6 所示。

（3）在"效果"面板中选择"视频效果→模糊与锐化→方向模糊"效果，如图 6-7 所示。

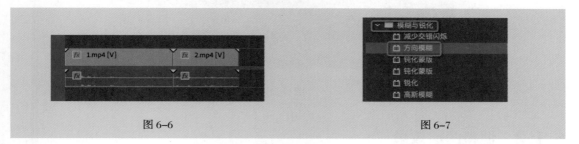

图 6-6　　　　　　　　　　　　　　　　　　　　图 6-7

（4）按住鼠标左键，将"方向模糊"效果拖曳到时间线中的素材"1"与素材"2"中。

（5）选中素材"1"，打开"效果控件"面板，如图 6-8 所示，展开"方向模糊"属性，将"方向"调整为"90.0°"。

（6）将播放头放到素材"1"的最后一帧，即两个剪辑的切点处，如图 6-9 所示。

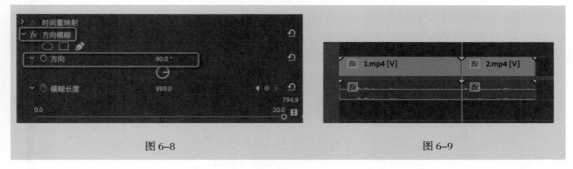

图 6-8　　　　　　　　　　　　　　　　　　　　图 6-9

（7）在时间线中选中素材"1"，在"效果控件"面板中，展开"方向模糊"属性，单击"模糊长度"属性前的"秒表"图标，该图标变化为，此时自动记录关键帧。

（8）连续按"←"键，将播放头往前调整 10 帧，如图 6-10 所示。

（9）选中素材"1"，在"效果控件"面板中，将"方向模糊"效果的"模糊长度"属性调整为"1000.0"，如图 6-11 所示。

图 6-10　　　　　　　　　　　　　　　　　　　　图 6-11

（10）采用同样的方式，为素材"2"设置两个关键帧，将"方向模糊"效果的"模糊长度"属性调整为"0.0"。

如果想要复制素材"1"的特效以及属性，可以在时间线中选中素材"1"，选择菜单栏中的"编辑→复制"命令，选中目标素材片段，选择菜单栏中的"编辑→粘贴属性"命令，完成效果和属性的复制。通过"效果"面板将两个关键帧的数值对换，如图 6-12 所示，可以通过拖曳滑块处的图标进行区域的缩放，以方便进行操作。

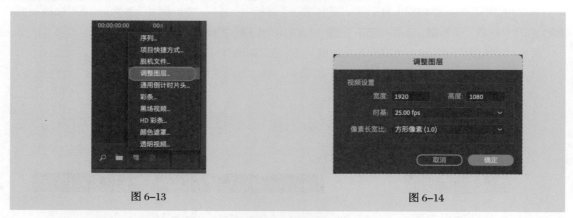

图 6-12

6.1.3 调整图层效果

如果想将一种效果或调色应用于多个剪辑素材片段上，可以使用调整图层，即创建一个包含效果且位于时间线中其他剪辑上方的调整图层。调整图层下方的所有内容都通过调整图层来查看，并接收它所具有的所有效果。

同调整其他图形剪辑一样，用户可以轻松地更改调整图层剪辑的持续时间和不透明度，以便控制哪些剪辑可以透过这个调整图层被看到。借助调整图层，用户可以更快速地处理效果，可以直接修改相应的设置，进而影响其下方剪辑的效果。

下面为已经编辑好的序列添加一个调整图层。

（1）打开文件夹"项目 6\6.1.3"，导入项目文件"整体调整效果"，并打开"序列 01"文件。

（2）在项目窗口右下方单击"新建项"按钮，在弹出的菜单中选择"调整图层"命令，如图 6-13 所示。

（3）弹出"调整图层"对话框，对话框允许用户为新创建的项目指定设置，默认情况下，这些设置以当前的序列为基础，如图 6-14 所示，单击"确定"按钮。

图 6-13   图 6-14

（4）在项目窗口中，将刚才新建的调整图层拖曳到时间线的 V2 轨道上，拖曳调整图层边缘使其延长到序列末尾，如图 6-15 所示。

（5）在"效果"面板中，选择"视频效果→图像控制→黑白"效果，拖曳效果到时间线上的调整图层上，此时整体剪辑变为黑白效果。

大家可以举一反三，通过不同的效果练习这一小节的内容。

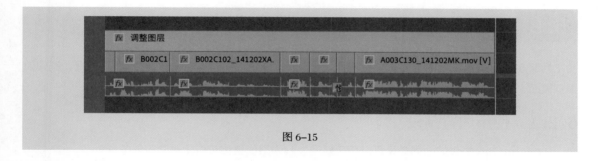

图 6-15

6.1.4 与 After Effects 协作

由于 Premiere Pro 和 After Effects 之间具有紧密的关系，因此与其他编辑平台相比，用户可以无缝使用这两种编辑软件，这是一个提升工作效率的非常有用的方法。

下面介绍如何使用这两种软件进行剪辑。

（1）打开 After Effects，打开"项目 6 → 6.1.4"文件夹，将文件夹中的素材导入软件中。

（2）通过 After Effects 制作相关动画，可以参考本小节素材文件夹中的 AE 项目文件。

（3）在 After Effects 中的项目管理窗口中选中项目"合成 1"，按住鼠标左键拖曳项目"合成 1"，如图 6-16 所示，按"Alt+Tab"组合键切换到 Premiere Pro 中，找到素材管理窗口，释放鼠标左键，如图 6-17 所示。注意拖曳前一定要把预览显示设置为"完整"，如图 6-18 所示。

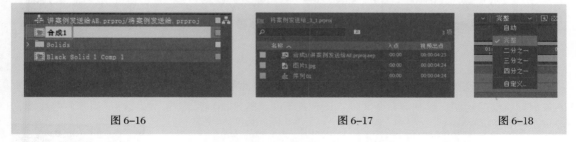

图 6-16   图 6-17   图 6-18

刚拖曳到 Premiere Pro 中的 AE 合成是不能直接当素材使用的，选中该素材，单击鼠标右键，在弹出的快捷菜单中选择"从剪辑新建序列"命令，如图 6-19 所示，此时，在 After Effects 中做出的效果即可在 Premiere Pro 中使用了，如图 6-20 所示。

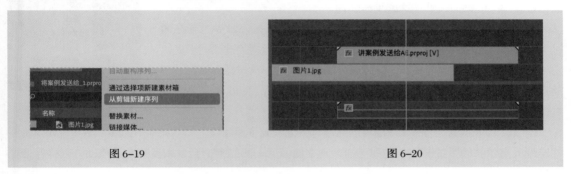

图 6-19   图 6-20

6.2 预设特效

为了在执行重复任务时节省时间，提高工作效率，Premiere Pro 支持对特效进行预设。创建效果预设时，可以存储多种效果，甚至可以为动画保存关键帧。

6.2.1 使用内置预设

Premiere Pro 提供的效果预设可以用于斜边、画中画效果和风格化过渡等任务。

（1）启动 Premiere Pro，并打开"项目 6\6.2.1"文件夹，将文件夹中的素材导入软件中，并新建一个序列，将素材拖曳到序列当中。

（2）在"效果"面板中选择"预设→过度曝光"效果，给时间线上的第一个剪辑添加"过度曝光出点"，之后为时间线上的第二个剪辑添加"过度曝光入点"，如图 6-21 所示，此时即完成了一个简单的转场。

（3）用户还可以调整"效果控件"面板中的动画曲线，使动画变得丰富多彩。选中第一个剪辑，在"效果控件"面板中可以看到该效果预设的动画曲线以及关键帧，如图 6-22 所示。

108

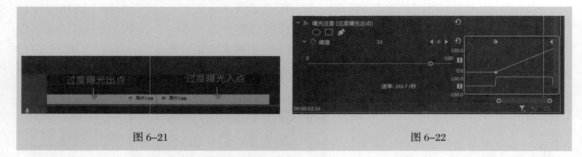

图 6-21   图 6-22

（4）选中最左边的关键帧并单击鼠标右键，弹出快捷菜单，如图 6-23 所示，其中除了有基本的关键帧属性的还原、复制等命令之外，还有关于曲线的几种调整方式，如线性、贝塞尔曲线等，这些统称为关键帧插值。

下面介绍 Premiere Pro 中可用的关键帧插值的区别。

线性：这是默认行为，将创建关键帧之间的匀速变化。

贝塞尔曲线：允许用户手动调整关键帧任意一侧的形状，该曲线允许在进、出关键帧时突然加速或平滑加速。

自动贝塞尔曲线：即使改变关键帧的参数值，选择该命令也能在通过关键帧时创建平滑的速率变化曲线。如果选择手动调整关键帧的手柄，它将变为"连续贝塞尔曲线"，保持通过关键帧时的平滑过渡。使用"自动贝塞尔曲线"命令偶尔可能生成不想要的动画曲线，因此可以先尝试其他命令。

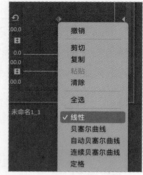

图 6-23

连续贝塞尔曲线：选择该命令将创建通过关键帧的平滑曲线。与"贝塞尔曲线"不同，如果调整"连续贝塞尔曲线"关键帧一侧的手柄，则关键帧另一侧的手柄会以相反的方式移动，以确保通过关键帧时平滑过渡。

定格：选择该命令会改变属性值，在没有渐变过渡（效果突变）时应用"定格"后，关键帧后面的动画曲线显示为水平直线段。

缓入：选择该命令会减缓进入关键帧的数值变化，并将其转换为一个贝塞尔关键帧。

缓出：选择该命令会逐渐增加离开关键帧的数值变化，并将其转换为一个贝塞尔关键帧。

6.2.2　保存效果预设

尽管有几种效果预设供选择，但用户也可以自定义效果预设。除此之外，用户还可以设置导入和导出的效果预设，在不同的编辑系统之间进行共享。下面通过一个案例讲解如何保存效果预设。

（1）启动 Premiere Pro，打开素材文件夹中的项目文件，这是已经做好效果的案例，需要将其中的效果保存为预设效果，并将效果应用到其他素材上。

（2）选中时间线上的剪辑"1"，在"效果控件"面板中选择"方向模糊"效果，单击鼠标右键，在弹出的快捷菜单中选择"保存预设"命令，如图 6-24 所示。

（3）弹出"保存预设"对话框，如图 6-25 所示，在此可以设置预设效果的名称和描述信息等内容。下面详细讲解"类型"选项组中的几个单选项。

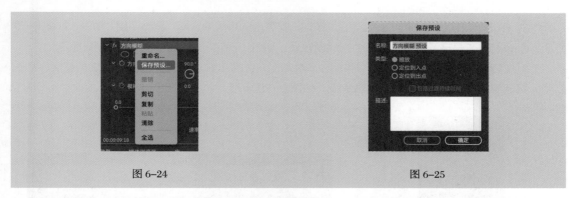

图 6-24　　　　　　　　　　　　　　　　图 6-25

缩放：按比例将源关键帧缩放为目标剪辑的长度，该操作会删除原始剪辑上的所有关键帧。

定位到入点：保持第一个关键帧的位置及其与剪辑中其他关键帧的关系，选中此单选项会根据第一个关键帧的入点位置为剪辑添加其他关键帧。

定位到出点：保持最后一个关键帧的位置及其与剪辑中其他关键帧的关系，选中此单选项会根据最后一个关键帧的出点位置为剪辑添加其他关键帧。

本案例因为剪辑"1"中效果的关键帧在出点位置，所以选中"定位到出点"单选项。

（4）输入预设效果名称"方向模糊 预设"，单击"确定"按钮，将效果和关键帧存储为一个新的预设。

（5）在"效果"面板中展开"预设"文件夹，可以发现新保存的预设，如图 6-26 所示。

图 6-26

（6）在时间线上选中剪辑"2"，使用同样的方法保存预设，预设的名称为"方向模糊转场入点"，"类型"为"定位到入点"。

（7）将素材文件夹中的素材"3"和素材"4"导入软件中，选取素材合适的部分添加到时间线上，选中"效果"面板中保存的两个预设效果，将其拖曳到时间线上。

（8）播放序列，查看应用效果。

6.3　常用的视频特效

本节介绍几种常用的视频特效。

6.3.1　时间码和剪辑名称

如果需要将序列的审查副本发送给客户或同事，可以使用"时间码"效果和"剪辑名称"效果。为调整图层添加"时间码"效果，能为整个序列生成可见的时间码。在导出时，可以启用相似的时间码进行叠加，但是该效果会有更多的选项。

此效果非常实用，因为它允许客户根据特定的时间点做出具体的反馈，可以控制显示的位置、大小、不透明度、时间码本身，以及格式和来源。

"剪辑名称"效果需要直接应用到每个剪辑上。

（1）启动 Premiere Pro，并打开"项目 6\6.3.1"文件夹，将文件夹中的素材导入软件中，并新建一个序列，将素材拖曳到序列当中。

（2）单击项目窗口底部的"新建项目"按钮，在弹出的菜单中选择"调整图层"命令，如图 6-27所示，在弹出的"调整图层"对话框中完成设置后，单击"确定"按钮，新建一个调整图层。

（3）将调整图层拖曳到序列窗口中的 V2 轨道上，并向右侧边缘位置拖曳，使之扩展到序列的结尾，完全覆盖 V1 轨道上的 3 个剪辑片段，如图 6-28 所示。

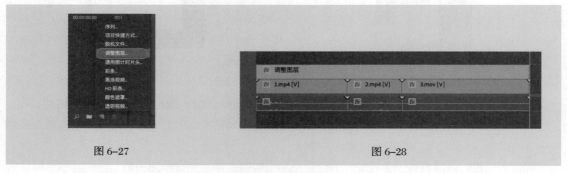

图 6-27　　　　　　　　　　　　　　　　　图 6-28

（4）在"效果"面板中，选择"视频效果→过时→时间码"效果，如图 6-29 所示，并将其拖曳到调整图层上。

（5）选择调整图层，打开"效果控件"面板，设置"时间码"效果的"时间显示"属性为"25"，以匹配序列的帧速率，如图 6-30 所示。

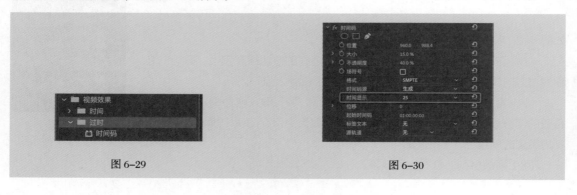

图 6-29　　　　　　　　　　　　　　　　　图 6-30

（6）设置"时间码源"为"生成"、"起始时间码"为"01：00：00：00"以匹配序列，取消勾选"场符号"复选框，如图 6-31 所示。除此之外，还可以对其大小、位置、不透明度等属性进行调整，这样可以移动"时间码"效果以使其不会遮挡场景中的关键图形或内容。

（7）在"效果"面板中搜索"剪辑名称"效果，选中该效果，如图 6-32 所示。

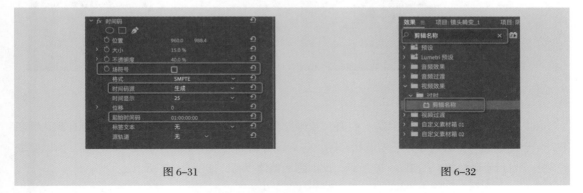

图 6-31   图 6-32

（8）将该效果依次应用在 V1 轨道上的 3 个剪辑片段中。

（9）调整效果属性，确保两种效果不会重叠，如图 6-33 所示。

图 6-33

6.3.2 阴影和高光

"阴影 / 高光"效果是快速调整剪辑中的对比度的一种有效方式，它可以使图像中暗部区域的对象提亮，还可以使稍微曝光过度的区域变暗。

下面通过一个案例讲解如何应用该效果。

（1）启动 Premiere Pro，打开"项目 6 \ 6.3.2"文件夹，将文件夹中的素材导入软件中，新建一个序列，将素材拖曳到序列当中。

（2）可以看到原始素材有逆光问题，后景曝光正常，前景偏暗，如图 6-34 所示。

（3）在"效果"面板中搜索或者选择"Obsolete →阴影 / 高光"效果，将其拖曳到时间线上需要添加效果的素材上，可以看到画面整体稍微有一些改善，男子的肤色稍微提亮了一些，如图 6-35 所示。

图 6-34 图 6-35

（4）选中时间线上的剪辑片段，打开"效果控件"面板，展开效果属性，可以看到在默认情况下，"自动数量"复选框是处于勾选状态的，勾选该复选框会禁用下面许多属性的控制，所以要取消勾选，进行手动调整，如图 6-36 所示，此时画面整体提亮，如图 6-37 所示。

图 6-36 图 6-37

（5）展开"更多选项"属性，得到完整的效果调整选项，尝试调整以下属性，如图 6-38 所示。

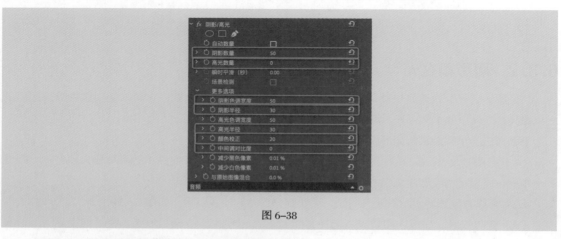

图 6-38

阴影数量：该属性用来控制暗部区域变亮的程度。

高光数量：该属性用来控制高光区域变暗的程度。

阴影色调宽度：使用数值来定义高光和暗部的范围，数值较高时会扩展可调范围，而数值较低时会限制可调范围，该属性有助于隔离想要调整的区域。

阴影半径和高光半径：调整半径以混合所选像素和未选像素，可以创建平滑的效果混合。应避免使用太高的值，否则会出现不需要的发光效果。

颜色校正：调整曝光时，图像中的颜色会褪色，使用该属性可以恢复素材调整区域的自然外观。

中间调对比度：使用该属性可为中间调区域添加更多的对比。如果需要图像的中间部分更好地匹配阴影和高光区域，那么该属性将非常有用。

（6）根据所学内容，对该片段进行调整，使其自然和谐。

6.3.3　去除镜头畸变

如今单反相机和航拍器材越来越流行，尽管可以节省成本，提高产出，但是其广角镜头常会引入许多不想要的畸变，如图6-39所示。

图6-39

在此，关于镜头畸变的形成原因不过多叙述。

在Premiere Pro中有许多内置预设效果可以用来校正相机所产生的畸变，在"效果"面板中可以找到这些预设效果，这些效果位于"预设→去除镜头扭曲"文件夹，其中有关于大疆（DJI）和GoPro产品的几种预设效果如图6-40所示，如果没有想要的效果，则可以自定义效果。

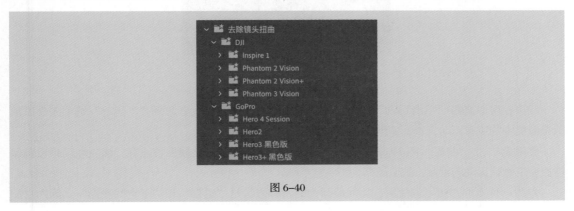

图6-40

扫码观看视频

6.3.4　图像稳定

"变形稳定器"效果可以删除摄像机移动造成的抖动，这个效果非常实用。下面制作一个应用该效果的案例。

（1）启动 Premiere Pro，打开"项目 6\6.3.4"文件夹，将文件夹中的素材导入软件中，新建一个序列，将素材拖曳到序列当中。

（2）播放序列，可以看到这个镜头是一个航拍镜头，由于风力作用，画面极不稳定，有左摇右晃的感觉，需要改善画面效果。

（3）打开"效果"面板，选择"视频效果→扭曲→变形稳定器"效果，如图 6-41 所示，将效果拖曳到素材上。

（4）计算机即对镜头中的像素进行计算、分析，如图 6-42 所示。

图 6-41　　　　　　　　　　　　　　　　图 6-42

（5）稍等片刻，分析结束后，打开"效果控件"面板，找到并展开该属性，调整为适合镜头的属性来改善画面效果，如图 6-43 所示，下面将对属性进行详细介绍。

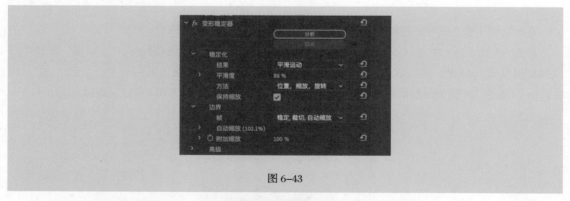

图 6-43

结果：可以选择"平滑运动"选项保持常规摄像机的移动，或者选择"不运动"选项来尝试消除摄像机中的所有运动，本案例默认选择"平滑运动"选项。

平滑度：在"结果"下拉列表中选择"平滑运动"选项时，该属性被点亮。该属性用来设置保持摄像机原始运动的程度，数值越高，镜头越平稳。

方法：有 4 种方法可供使用。功能最强大的两种方法是"透视"和"子空间变形"，因为它们

114

会大幅度地扭曲和处理图像。如果以上两种方法没有效果，则可以尝试使用"位置、缩放、旋转"方法或"位置"方法（本案例使用"位置、缩放、旋转"方法）。

（6）调整属性，直到稳定效果令人满意为止。

6.4　颜色校正

对素材进行剪辑只是视频剪辑的第一步，下面对颜色进行处理。

6.4.1　"颜色"工作区

在 Premiere Pro 最上端可以将工作区切换为"颜色"工作区，显示"Lumetri颜色"面板（此面板提供了许多颜色调整控件）。将"Lumetri 范围"面板放置在源监视器窗口后面。"Lumetri 范围"面板是一组图像分析工具，通常称为示波器。

剩余的界面区域为节目监视器窗口、时间线窗口和项目窗口。时间线窗口会进行收缩，以适应"Lumetri 颜色"面板，如图 6-44 所示。

图 6-44

默认情况下，当时间线上的播放头在剪辑上移动时，将自动选中这些剪辑。轨道上的剪辑只有具有"轨道选择"按钮█时，才会被选中，如图 6-45 所示。这个特性非常重要，因为使用"Lumetri颜色"面板所做的调整将应用到被选中的剪辑中。可以应用一个调整，然后在时间线上移动播放头，选择下一个剪辑，然后进行处理。

选择菜单栏中的"序列→选择跟随播放指示器"命令，可以启用或禁用自动剪辑选择，如图 6-46 所示。

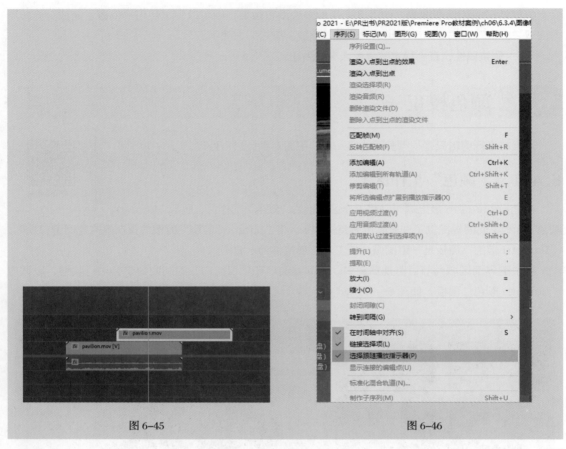

116

图 6-45　　　　　　　　　　　　　图 6-46

6.4.2　"Lumetri 颜色"面板

扫码观看视频

　　"Lumetri 颜色"面板被划分为 6 个功能区，按照从上而下的排列方式提供了越来越高级的工具，如图 6-47 所示。

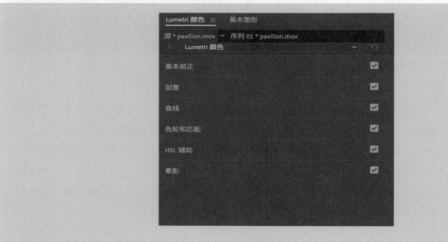

图 6-47

1. 基本校正

"基本校正"功能区提供了为剪辑快速应用修复功能所需的简单效果，如图 6-48 所示。

可以采用"输入 LUT"文件形式，单击右侧调出图 6-49 所示的下拉列表，选择相应的选项，可以对看起来很单调的媒体应用预设。

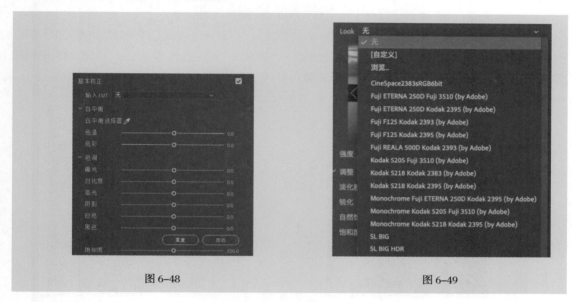

图 6-48　　　　　　　　　　　　　　　　图 6-49

2. 创意

顾名思义，"创意"功能区让用户可以对剪辑进行更深一步的艺术加工、处理，该区域包含许多创意外观，可以针对当前的剪辑进行浏览。在此区域可以对颜色强度进行细微的调整，还配置了色轮来调整图像中的阴影像素或高光像素的颜色，如图 6-50 所示。

图 6-50

3. 曲线

在"曲线"功能区中可以对剪辑进行快速且精准的调整，而且只需单击几次，就可以很容易地实现非常自然的效果，如图 6-51 所示。

该区域有许多更高级的功能，可以对亮度、R\G\B 像素进行细微调整。

"色相饱和度曲线"功能可以基于色相范围精确控制颜色的饱和度。

打开"项目 6\6.4.2"文件夹，其中有一个夕阳镜头，可以通过曲线工具使阴影和高光部分的区别更加明显，还可以通过控制"色相饱和度曲线"，使镜头中的红色饱和度更高，其他颜色的饱和度略低，以突出夕阳下的景色，如图 6-52 和图 6-53 所示。

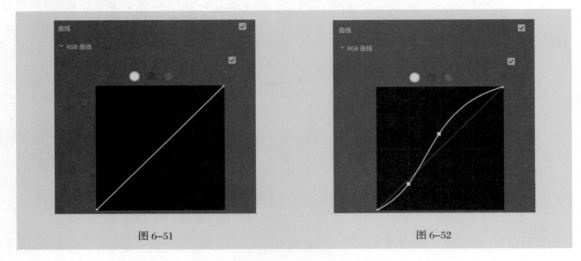

图 6-51 　　　　　　　　　　　　　　图 6-52

图 6-53

4. 色轮

在"色轮"功能区中可以对图像中的阴影、中间色调和高光像素进行精准控制。将控制球从色轮的中间位置向边缘拖曳，就可以应用一个调整。

每一个色轮都有一个亮度控制滑块，用于简单调整亮度，可通过拖曳滑块来调整像素的对比度，如图 6-54 所示。

5. HSL 辅助

"HSL 辅助"功能区具有二级调色功能，可对一个图像中的特定区域做颜色的调整，这个特定区域是色相、饱和度和亮度范围所限定的区域，如图 6-55 所示。

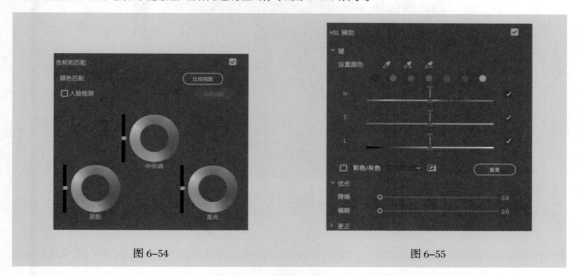

图 6-54   图 6-55

使用该功能可以使蓝天更蓝或者使草地更绿等，而且不影响图像中的其他像素区域。

6. 晕影

在"晕影"功能区中可为图像加晕影，如图 6-56 所示。

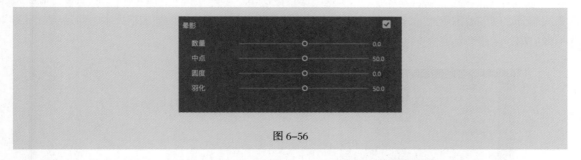

图 6-56

晕影最初是由相机镜头边框的较暗边缘引起的，现在的镜头很少有这种问题。相反，"晕影"功能区通常用来在图像的中心位置创建焦点，即使所做的调整很细微，效果也会非常明显。

6.4.3 "Lumetri 范围"面板

"Lumetri 范围"面板中显示了多个工业标准的仪表，从而提供一个有关媒体的客观视图。初始情况下，全部显示的组件以及较小的图形会让人有不适感。可以单击面板右下角的"设置"按钮，在弹出的菜单中勾选或取消勾选个别命令前的复选框以将其关闭或打开，如图 6-57 所示。

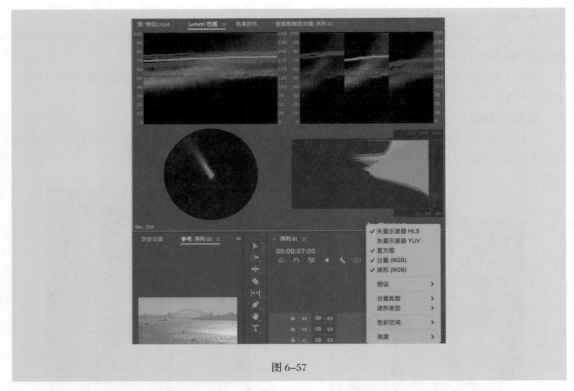

图 6-57

在处理图像时，还可以指定是在 Rec.2020（UHD）、Rec.709（HD），还是在 Rec.601（SD）颜色空间中进行处理。如果正在制作广播电视的内容，则肯定会使用到这些标准中的一个。如果不是，或者不确定，则可能会使用 Rec.709（HD）色彩空间，如图 6-58 所示，这需要与摄制部门沟通，从而选取符合制作标准的色彩空间。

通过面板右下角的下拉列表可以选择显示为"8 Bit（8 位）""float（浮点型）"（32 位的浮点数颜色）或"HDR"（高动态范围），如图 6-59 所示。选择"HDR"选项可以使图像在最暗和最亮部分之间的范围更大。HDR 超出了本书的讲解范围，但它是一种重要的新技术，而且随着新的摄像机和显示器为其提供支持，它会越来越重要。

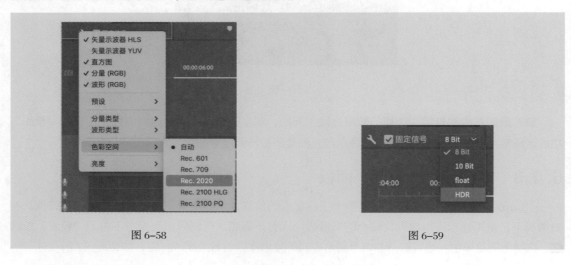

图 6-58   图 6-59

1. 波形示波器

打开"项目 6\6.4.3"文件夹，将文件夹中的素材导入软件中，新建一个序列，将素材拖曳到序列当中。切换到"颜色"工作区，打开"Lumetri 范围"面板，单击面板左下角的"设置"按钮，或者在面板区域单击鼠标右键，在弹出的快捷菜单中将其他示波器前的复选框取消勾选，只保留"波形（RGB）"命令前复选框的勾选，如图 6-60 所示。

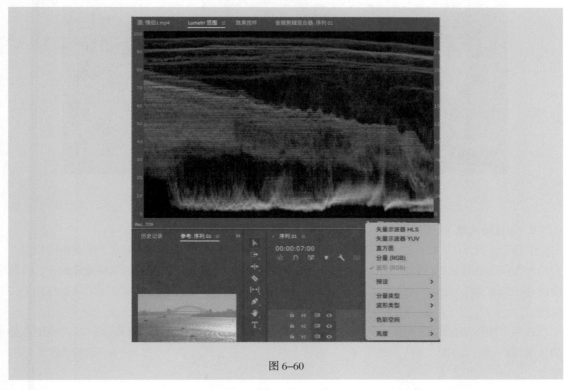

图 6-60

如果不熟悉，会觉得波形看起来有些奇怪，但它们其实很简单。它们显示了图像的亮度和颜色的饱和度。

当前帧中的每一个像素都显示在示波器中，如图 6-61 所示。

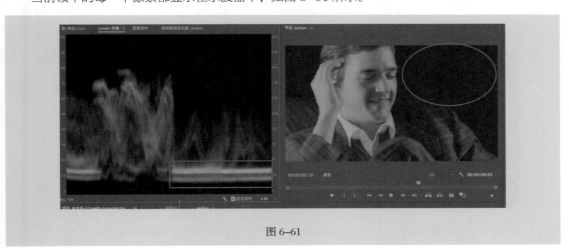

图 6-61

示波器是有刻度的，"0"位于刻度底端，表示没有亮度；"100"位于刻度顶端，表示像素全亮，在 RGB 刻度上，这个值是 255，0 ～ 255 正好是 256（28）级色彩。

波形示波器会反馈画面中的重要信息，如图 6-62 所示。可以发现，示波器中绿色和蓝色的亮度要高于红色的亮度，所以该图像存在严重的偏色，需要进行校正。

图 6-62

2. 矢量示波器 YUV

矢量示波器 YUV 显示的是极坐标矢量图形，矢量的幅度代表色度信号的幅度，即颜色饱和度；相角代表色度信号的相位，即色相。将色度信号中的 B-Y 分量添加到示波器的水平偏转轴上，将色度信号中的 R-Y 分量添加到示波器的垂直偏转轴上，便在显示屏上显示出色度信号的极坐标图（矢量图）。

通常，使用规定的彩条信号作为矢量示波器的标准监测信号，如图 6-63 所示。各矢量顶点分别代表 YI（黄）、Cy（青）、G（绿）、Mg（品红）、R（红）、B（蓝）6 种标准颜色信号的幅度。

启动 Premiere Pro，新建一个序列，单击"新建项"按钮，在弹出的菜单中选择"HD 彩条"命令，如图 6-64 所示，在项目窗口中，将新建的彩条拖曳到时间线上，切换到"颜色"工作区并打开"Lumetri 范围"面板，单击面板左下角的"设置"按钮✎，或者在面板区域中单击鼠标右键，在弹出的快捷菜单中将其他示波器前的复选框取消勾选，只保留"矢量示波器 YUV"复选框的勾选。

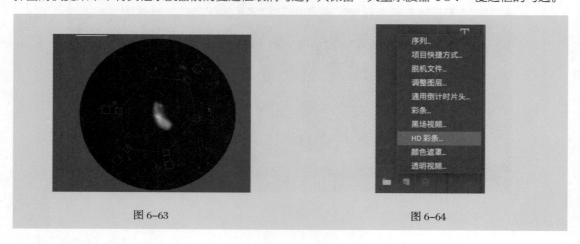

图 6-63   图 6-64

当 HD 彩条出现在画面中时，矢量示波器也随即产生变化，如图 6-65 所示，图中左侧蓝色箭头所指向的黄色代表的是饱和度为 75% 的黄色，对应在图中右侧蓝色箭头所指向的位置，为播出安全值；左侧红色箭头所指向的黄色代表的是饱和度为 100% 的黄色，对应在图中右侧红色箭头所指向的位置，代表超出安全值。

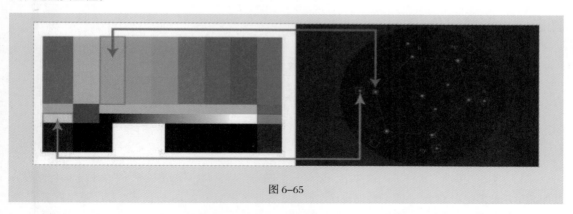

图 6-65

矢量示波器是检测视频播出颜色标准的一个重要依据，同时也可以直观地查看图像的色彩分布，是调色时非常重要的一个工具。

3. RGB 分量示波器

RGB 分量的波形更像是在波形示波器中红、绿、蓝 3 种色阶的分别显示。为了容纳 3 种颜色，每张图像会被水平挤压成显示宽度的 1/3。

打开"项目 6 \ 6.4.3"文件夹，将文件夹中的素材导入软件中，新建一个序列，将素材拖曳到序列当中。切换到"颜色"工作区，打开"Lumetri 范围"面板，单击面板左下角的"设置"按钮，或者在面板区域单击鼠标右键，在弹出的快捷菜单中将其他示波器前的复选框取消勾选，只保留"分量（RGB）"复选框的勾选，得到的图像和示波器反馈的信息如图 6-66 所示。

通过示波器可以看到面部区域蓝色通道的高光亮度数值最高，绿色次之，红色最低，所以图像色彩有严重偏差，需要校正。

图 6-66

项目实施——进行颜色校正与风格化调色

本项目带领大家对素材进行颜色校正与风格化调色。

任务 1　调整偏色

任务目标： 通过学习颜色校正，让读者能够对视频颜色进行整体把控。

素材文件： 本任务所需的素材文件位于"项目 6\任务 1　调整偏色"文件夹中。此任务提供了 3 个素材，3 个素材都有相同的偏色问题，以素材"1"为例。

扫码观看视频

（1）将文件夹中的素材导入软件中，新建一个序列，将素材拖曳到序列当中。对于偏色问题，使用波形示波器或者 RGB 分量示波器都可以解决，在此选择使用 RGB 分量示波器，更为直观。

（2）切换到"颜色"工作区，打开"Lumetri 范围"面板，单击面板左下角的"设置"按钮，或者在面板区域单击鼠标右键，在弹出的快捷菜单中取消其他示波器前的复选框的勾选，保留"分量（RGB）"复选框的勾选，得到的图像和示波器反馈的信息如图 6-67 所示。

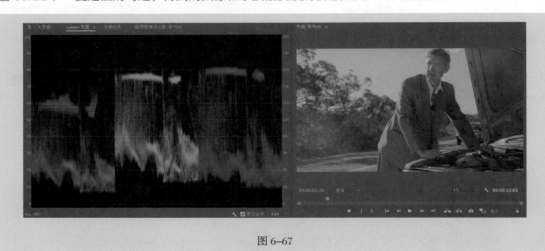

图 6-67

（3）打开"Lumetri 颜色"面板，图像中从光的方向来看应该是傍晚，在傍晚中，光线应该是橘黄色。在示波器中可以看到，绿色和蓝色的亮度最高，符合要求。接下来对画面进行光的重新匹配，并且修复偏色问题。

在这里可以使用色轮工具和曲线工具，两种工具都可以实现想要的结果，本任务使用较为直观的色轮工具。打开"Lumetri 颜色"面板，找到并展开"色轮"功能区，向下拖曳阴影色轮的亮度滑块，将波形的底部调整到接近 0 刻度为止，如图 6-68 所示。

（4）通过光的加色原理可以知道，等量的红、绿、蓝 3 种颜色相加可以得到白，阴影部分最底下的刻度是纯黑的，且 3 种颜色的亮度信息在 RGB 分量示波器上的显示不同步，需要对阴影区域进行校正。将鼠标指针移动到"阴影"色轮中央区域，会出现一个"+"符号，如图 6-69 所示，按住鼠标左键将颜色往红色方向推动，让阴影部分的 3 种分量的波形齐平，拖曳亮度滑块降低亮度，使 3 种分量同时接近 0 刻度的位置，如图 6-70 所示。

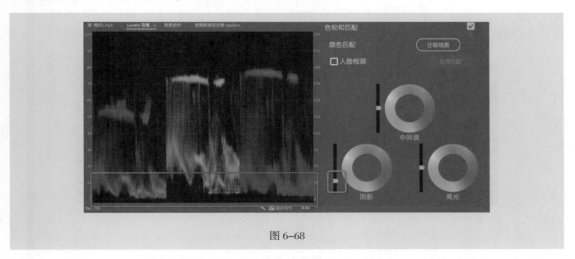

图 6-68

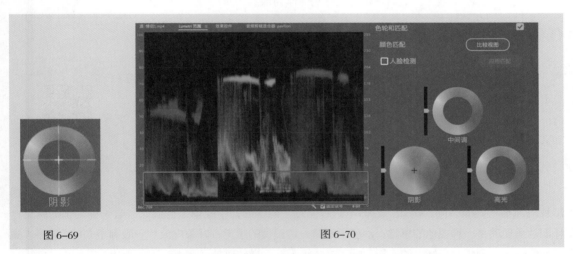

图 6-69　　　　　　　　　　　　　　　　　　　　图 6-70

（5）接下来对高光区域进行调整。采用同样的方法将"高光"色轮向红色方向推动，使红色分量在示波器中慢慢高过其他两个分量，如图 6-71 所示。

图 6-71

（6）对部分区域调色。此时可以看到画面有很大的改善，但是中间调的色彩区域色调还是偏冷，可以往暖色调方向调一下。将"中间调"色轮向红色方向推动，此时画面有了很大的改善，但似乎整个画面的亮度不够，将"中间调"色轮的亮度滑块向上滑动，最终得到的画面就非常理想了，如图 6-72 所示。

图 6-72

126

根据本任务所学原理，把另外两个素材文件作为课堂作业进行实习演练。

任务2 风格化调色

任务目标： 学习调色不仅需要将视频颜色调整为正常颜色，还需要根据不同场景和情绪，对视频进行风格化调色。

素材文件： 本任务所需的素材文件位于"项目6\任务2 风格化调色"文件夹中。

扫码观看视频

关于色彩的风格化，没有具体标准。一般情况下，一部影片的风格是统一的，影片的色彩根据影片的风格不同而不同。例如，恐怖电影是偏蓝、偏绿的，中间调压得很低，有一种阴郁的感觉；怀旧片呈现的是一种褪色的感觉；沙漠电影是一种黄黄的感觉；好莱坞大片一般都是 O&T 风格（橘黄和蓝色）。要想调出好看的色彩，除了坚持练习软件操作以外，还要学习色彩相关的知识。

下面进行一个常见的双色调风格化的调色，这种色彩常常用于影片回忆部分，又称为回忆色。

（1）将文件夹中的素材导入软件中，新建一个序列，将素材拖曳到序列当中并切换到"颜色"工作区。

（2）在"效果"面板中选择"Lumetri 预设→单色→黑白淡化胶片 100"效果（或者在搜索框内进行搜索找到该效果），如图 6-73 所示，将效果拖曳到素材上，此时素材变成黑白图像，如图 6-74 所示。

（3）接下来对黑白图像进行统一调色。根据光的加色原理可以得知，要想调出怀旧的、黄黄的色彩，需要增加红色和绿色才能做到。打开"Lumetri 颜色"面板，找到并展开"曲线"功能区，选中曲线上方的红色圆圈，此时可以对红色通道进行控制，单击曲线，在曲线的中部添加一个点，将其向上拖曳，提高红色的亮度；然后选中曲线上方的绿色圆圈，按红色通道中的方法进行操作，直到调出想要的颜色，如图 6-75 所示。

图 6-73　　　　　　　　　　　　　　　　图 6-74

图 6-75

（4）在时间线窗口中添加新素材，将做好的效果拖曳到 V2 轨道上，同时在项目窗口中重新将素材拖曳到 V1 轨道上，并将"黑白淡化胶片 100"效果拖曳到 V1 轨道的素材上，如图 6-76 所示。

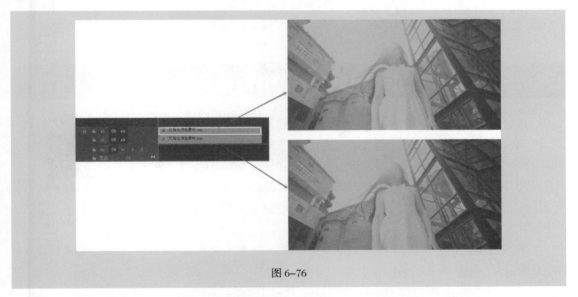

图 6-76

（5）调整混合模式，选中 V2 轨道上的剪辑，打开"效果控件"面板，找到并展开"不透明度"属性，设置"混合模式"为"柔光"，如图 6-77 所示。

（6）通过调整"不透明度"属性来增强或减弱对 V2 轨道色彩的影响，如图 6-78 所示。

图 6-77 图 6-78

我们还可以尝试不同风格，灵活运用各种效果与"Lumetri 颜色"面板，尝试将素材调出不同的风格。

项目小结

通过本项目的学习，读者需要了解并掌握以下几点。

（1）调色的理论知识。

（2）调色的流程和步骤。

（3）特效的预设和常见效果的设置。

（4）颜色的校正、风格化调色等。

项目扩展——制作风格化调色视频

素材文件： 本项目所需的素材文件位于"项目 6\ 项目扩展"文件夹中。

通过本项目的学习，利用有关特效工具，制作一段风格化调色视频。利用文件夹中的素材新建一个项目，通过各种特效工具，完成视频的抠像、调色及合成操作，最终输出 MP4 格式的成片。具体步骤如下。

扫码观看视频

（1）导入素材。新建一个项目，将其命名为"风格化调色"，如图 6-79所示。

（2）新建一个分辨率为 1920 像素 ×1080 像素、帧速率为 25 帧 / 秒的序列，将素材导入项目窗口中，如图 6-80 所示。

（3）在项目窗口中选择合适的素材片段并将其添加到时间线上，如图 6-81 所示。

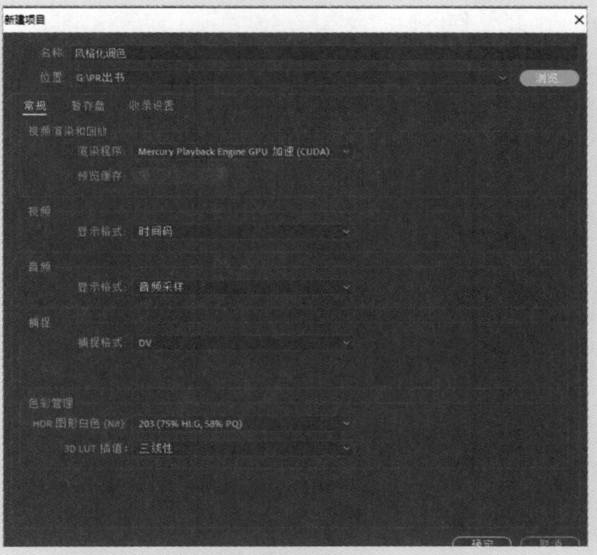

图 6-79

图 6-80

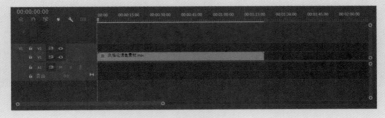

图 6-81

（4）将 Premiere Pro 的工作区布局设置成"颜色"工作区，如图 6-82 所示。

图 6-82

（5）对添加到时间线上的素材进行基本校正，如图 6-83 所示。

图 6-83

（6）在项目窗口中选择合适的素材片段并将其添加到时间线上，如图 6-84 所示。

图 6-84

130

（7）给 V2 轨道中的素材添加 "Lumetri 颜色" 效果，如图 6-85 所示。

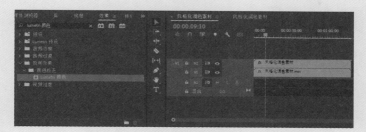

图 6-85

（8）选择 V2 轨道，打开 "效果控件" 面板，给添加的 "Lumetri 颜色" 效果添加蒙版以提亮高光，如图 6-86 所示。

图 6-86

（9）完成调色并预览，若不满意可进行修改，如图 6-87 所示。

图 6-87

07

了解音频处理——
制作音频特效

情景引入

　　"没有声音，再好的戏也出不来。"声音是影视作品中非常重要的一部分，音频的处理涉及音响和音效的处理。无论是人声的对白、旁白、独白，还是环境音、特效音，都对影片主题的表达起着重要的作用。

　　那么，什么是单声道与多声道？怎样调节音量大小？如何处理视频中的杂音？

　　本项目通过介绍音频的基础知识、编辑和混合音频的方法，以及音频特效的应用，讲述在 Premiere Pro 中对素材进行声音处理的方法和技巧。

学习目标

知识目标
- 了解音频控制面板中选项的设置。
- 掌握与音频相关的专有名词及相关设置。
- 学会添加音频特效。
- 掌握音频转场的方法。

技能目标
- 掌握为音频剪辑添加关键帧的方法。
- 掌握美化音频的相关技能。

素质目标
- 培养策划、创作、制作广播、影视节目的能力。
- 培养良好的广播影视作品的编辑素质和制作能力。

扫码观看思维导图

扫码观看视频

相关知识

7.1　音频轨道

在 Premiere Pro 中，音频轨道是存放和编辑音频的主要场所，用户可以添加和编辑音频，为其添加各种效果，并在一个序列中通过音频轨道混合添加的声音和音效。音频轨道可以设置成立体声、单声道或 5.1 环绕声道。此外，可以设置标准轨道和自适应轨道。针对不同的项目，用户可以在开始工作时设置音频轨道的数目和属性，也可以在编辑过程中根据实际需要，设置音频轨道的一些属性来满足要求。

7.1.1　音频控制面板

在 Premiere Pro 中，音频控制面板包含音轨混合器和音频剪辑混合器。

如图 7-1 所示，音轨混合器会显示时间线上每一条音频轨道和各种参数调节模块，用户可以在此完成混合音频轨道、调整各声道音量平衡及录制声音等工作。音轨混合器不仅可以对任意一条音频轨道电平进行调节，还可以对主声道电平进行调节，并可以对音频轨道整体的左右均衡进行调节。

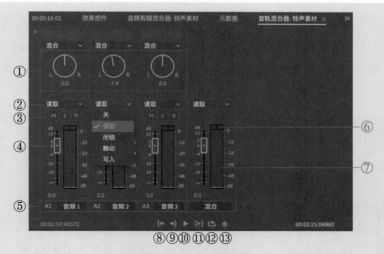

①平移 / 平衡控制，②自动模式，③静音轨道、独奏轨道、启用轨道以进行录制，④音量表和衰减器，⑤轨道名称，⑥剪切指示器，⑦主音量表和衰减器，⑧转到入点，⑨转到出点，⑩播放 / 停止切换，⑪ 从入点播放到出点，⑫ 循环，⑬ 录制

图 7-1

上述所有按钮都可以在预览视频的时候使用，用户可以实时为音频轨道添加关键帧。

在音轨混合器中，用户可以为音频轨道添加各种特效，并且可以创建音频子混合，组合多个音频轨道的输出，如图 7-2 所示。

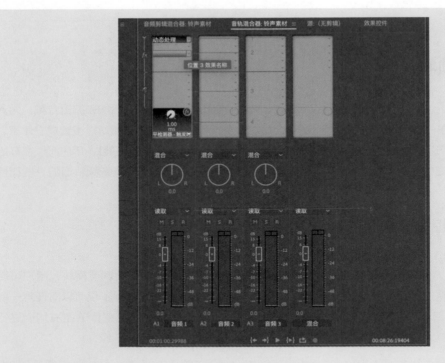

图 7-2

音频剪辑混合器的面板和工作方式跟音轨混合器相似，不同的是，音频剪辑混合器是在剪辑上进行调节，无法调整主声道的音量，也不会影响轨道的参数，音频剪辑混合器面板如图 7-3 所示。

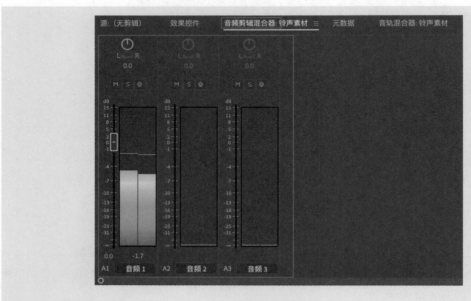

图 7-3

7.1.2　定义主轨道中的输出

在 Premiere Pro 中，主声道音频轨道指的是音频的主设置，是时间线上所有音频输出的合集。在创建序列时，可以对序列的音频属性进行初步设置，设置主声道的音频轨道模式、音频轨道的数量以及音频轨道的类别。

选择菜单栏中的"文件→新建→序列"命令，弹出"新建序列"对话框，在"轨道"选项卡中可以对序列中音频轨道的属性进行设置，这里可以选择的主设置有立体声、5.1（声道）、多声道和单声道，"新建序列"对话框及可设置的音频轨道类型如图 7-4 所示。

图 7-4

可以设置的音频轨道类型有以下几种。

标准：替代了旧版本的立体声音频轨道类型。它可以同时容纳单声道和立体声的音频。

单声道：包含一条音频轨道。如果将立体声剪辑添加到单声道轨道中，立体声剪辑声道将把立体声轨道汇总为单声道。

自适应：可以包含单声道、立体声声道和自适应声道。对于自适应声道，可通过对工作流程效果最佳的方式将源音频映射至输出音频声道。在处理可录制多个音频轨道的摄像机录制的音频时，这种音频轨道类型非常有用。处理合并后的剪辑或多机位序列时，也可以使用自适应声道。

5.1：包含 3 条前置音频声道（左声道、中置声道、右声道）、两条后置或环绕音频声道（左声道和右声道）、通向低音炮扬声器的低频效果（Low Frequency Effects，LFE）音频声道 6 个声道。5.1 声道只能包含 5.1 剪辑。

子混合：输出轨道的合并信号，或向它发送信号。子混合声道可用于管理混音和效果。

在 Premiere Pro 的时间线上完成上述设置，在剪辑工作开始后，音频主设置将无法改变。用户可以新建一条序列，重新设置主设置，并将原来系列中的视频和音频剪辑复制到新序列中。

7.1.3　音量指示器

在 Premiere Pro 中，音量指示器又称"音频仪表"，主要用来显示时间线上所有音频轨道混合而成的主声道的音量大小，当主声道音量超出安全范围时，在柱状的音频仪表顶端会显示红色警告，用户可以及时调整音频音量，避免损伤音频设备，如图 7-5 所示。

要查看音频仪表，可以通过选择菜单栏中的"窗口→音频仪表"命令来实现，同时可以拖曳音频仪表左边缘调整面板的宽度。

如图 7-6 所示，在音频仪表中单击鼠标右键，在弹出的快捷菜单中可以进行以下选择。

（1）重置指示器、在低振幅点查看谷值指示器、显示颜色渐变（仪表以颜色段显示）。

（2）监听不同的声道（取决于音频主设置）。

（3）设置音量范围。

（4）以静态峰值或动态峰值的形式查看峰值。对于动态峰值，峰值指示器的更新间隔为 3 秒；对于静态峰值，峰值指示器将显示响度最大的峰值，直到指示器重置或者回放重启为止。

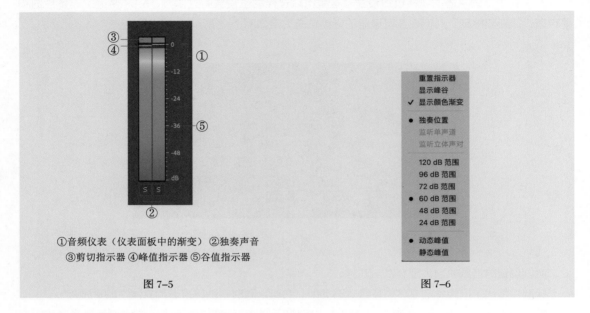

①音频仪表（仪表面板中的渐变）②独奏声音
③剪切指示器 ④峰值指示器 ⑤谷值指示器

图 7-5

图 7-6

7.1.4 显示音频波形

音频波形反映的是音频的振幅变化，波形越高，表示音频音量越大。在 Premiere Pro 中，显示音频波形的方法有两种。

第一种是通过单击时间线窗口中的"时间线显示设置"按钮，在弹出的菜单中选择"显示音频波形"命令，在时间线上显示音频波形，如图 7-7 所示。注意，在时间线上显示音频波形时，需要先将相应的音频轨道调整到合适的宽度（可以通过双击轨道前端，或者按住鼠标左键上下拖曳来实现）。

图 7-7

　　第二种显示音频波形的方法是在项目窗口或时间线窗口中，找到所需的素材并双击，在源监视器窗口中显示音频波形，如图 7-8 所示。在这里，用户可以实时查看和监视整条源音频的波形，并且可以通过添加出点和入点的方式选中其中一部分，将其添加到时间线上。

　　在这里，如果遇到一条同时包含音频和视频的素材，可以单击源监视器窗口下方的"设置"按钮，如图 7-9 所示，在弹出的菜单中选择"音频波形"命令，或者直接单击源监视器窗口下方的"仅拖动音频"按钮。

图 7-8

图 7-9

　　在时间线窗口中看到的音频波形与源监视器窗口中看到的有所不同，这是因为时间线上显示的是软件自动调整过的波形。如果想要显示原始波形，可以打开时间线窗口中的"序列"面板，取消勾选"调整的音频波形"复选框，如图 7-10 所示。

图 7-10

7.1.5 调整音频轨道

在 Premiere Pro 中，可以对音频轨道进行以下调整。

（1）添加或删除单条音频轨道。可以通过选中音频轨道前端并单击鼠标右键，在弹出的快捷菜单中选择"添加单个轨道""添加音频子混合轨道"或"删除单个轨道"命令来实现，如图 7-11 所示。新添加的轨道和选中的轨道属性相同。

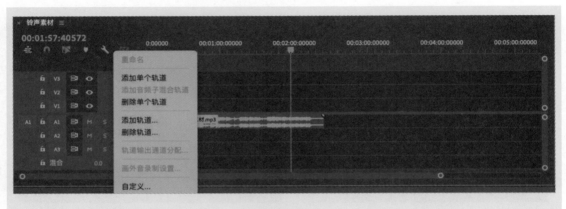

图 7-11

（2）添加或删除多条轨道。当遇到复杂的音频剪辑时，通常需要批量添加轨道。选中轨道前端，单击鼠标右键，在弹出的快捷菜单中选择"添加轨道"命令，在弹出的"添加轨道"对话框中对添加的轨道数量、位置和类型进行设置，如图 7-12 所示。

相应地，也可以选择"删除轨道"命令，自由选择删除某一条轨道，还可以选择删除全部空轨道，即先勾选"删除音频轨道"复选框，选择需要删除的轨道后，单击"确定"按钮，如图 7-13 所示。

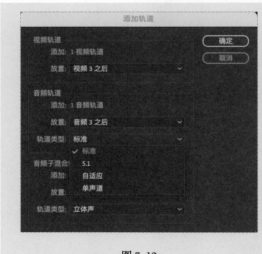

图 7-12

图 7-13

138

7.2 音频音量

在视频编辑中，音频的音量对视频整体氛围的营造有着重要作用。音频的音量过大，可能会影响影片的整体播放效果，甚至会损坏播放设备。音频音量过小，可能会降低传播效果，在不同的设备上播放时，会出现只看到画面、听不到声音的状况。

在前期拍摄时，由于环境或者录音设备的制约，所收录的音频音量有时会达不到项目的要求，或者剪辑中用到的各种各样的素材，包括环境音效、背景音乐、人物独白等，其音频音量需要根据要求去调整。这时候就需要在后期编辑时调整，让所有音频的音量尽量统一，并营造出一定的层次感。

本节将带大家学习调整单个剪辑和整体剪辑的音频音量和音频增益的方法，以及通过添加关键帧调整音频音量和音频增益的方法。

7.2.1 调整音量

音量指的是序列剪辑或轨道中的输出电平。音量的调整是在原始素材音量的基础上进行的，所以不会破坏剪辑的播放效果。

在 Premiere Pro 中，调节剪辑音量的方法有以下 3 种。

（1）在时间线窗口中通过调整关键帧控制线调节剪辑音量。选中音频并在音频上单击鼠标右键，在弹出的快捷菜单中选择"显示剪辑关键帧→音量→级别"命令，显示关键帧控制线。选中关键帧控制线，上、下移动线条，即可整体改变一段音频剪辑的音量大小，如图 7-14 所示。

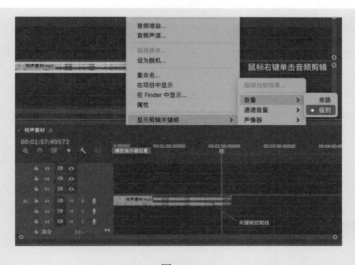

图 7-14

（2）在"效果控件"面板中，使用与设置其他效果相同的方法来调整音量。打开"效果控件"面板，选择"音频效果→音量→级别"效果，调整"级别"属性，如图 7-15 所示。

注意

如果需要调整整段剪辑的音量，需要取消选择"级别"命令。

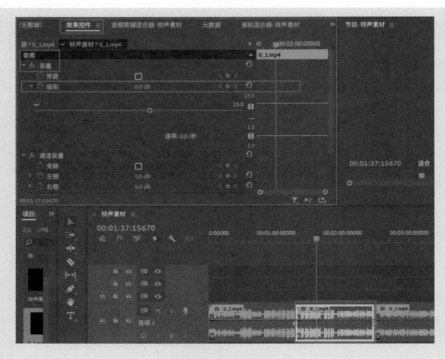

图 7-15

（3）使用前面讲到的音轨混合器或者音频剪辑混合器来调整轨道或者剪辑的音量。

7.2.2　音频增益

音频增益指的是剪辑中调整信号电压、控制小信号放大的倍数。跟音量一样，在项目剪辑中经常需要处理声音的声调，特别是在项目中，如果调整各个剪辑片段的音量后，还不能使各片段输出的声音相匹配，就需要平衡几个素材的音频增益。在 Premiere Pro 中，可以为一个音频剪辑设置整体的音频增益。尽管音频增益的调整在音量和音频效果的调整之后，但它并不会影响这些设置。音频增益对于平衡几个剪辑的增益级别，或者调节一个剪辑的过高或过低的音频信号有很大帮助。

注意　如果音频素材由于收录时设置不当，造成音频音量过低，过度地提高音频增益，可能会增大素材的噪声甚至造成失真。所以，要想使输出效果达到最佳，在前期收录时，就要做好收录设备的设置。

在 Premiere Pro 中调整音频增益的方法如下所示。

（1）在时间线窗口中，选中一个音频剪辑或多个音频剪辑，在选中的音频剪辑上单击鼠标右键，在弹出的快捷菜单中选择"音频增益"命令，或者选择菜单栏中的"剪辑→音频选项→音频增益"命令，（快捷键为"G"），如图 7-16 所示。

（2）在弹出的"音频增益"对话框中调节所选剪辑的音频增益。在"调整增益值"文本框中可以输入 -96 ~ 96 的任意数值，如图 7-17 所示。大于 0 的值会放大剪辑的音频增益，使其声音更大；小于 0 的值则会削弱剪辑的音频增益，使其声音更小。

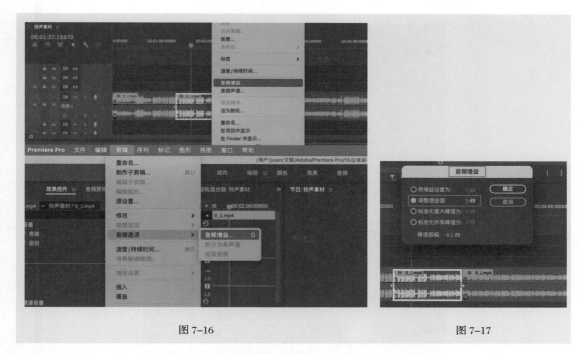

图 7-16   图 7-17

（3）单击"确定"按钮，完成音频增益的设置。"音频增益"命令独立于音轨混合器和时间线窗口中的输出电平的设置，但其值将与最终混合的轨道电平整合。也可使用"标准化主轨道"命令来调整整个序列的音频增益，可以选择"序列→标准化主轨道"命令，在弹出的"标准化主轨道"对话框中输入数值，为主轨道的总输出添加一个增益值。

7.2.3 整体调整剪辑的音频音量

整体调整剪辑的音频音量可以很大程度地节省调整音量的时间成本，用户可以选中所有音频剪辑，通过按"["键来调低所选剪辑的音频音量，按"]"键来调高所选剪辑的音频音量，按"Shift+["组合键可以调低剪辑的音频音量 6dB，按"Shift+]"组合键可以调高剪辑的音频音量 6dB。用户还可以通过音轨混合器直接调整主声道的音量，这样可以直接调整序列输出时的音量。

7.2.4 为音量添加关键帧

为音量添加关键帧，可以控制剪辑音量的变化，帮助用户营造不同的音频效果。添加音频音量关键帧的方法有以下几种。

1. 使用工具栏中的钢笔工具和快捷键添加音频音量关键帧

将时间线上想要添加关键帧的剪辑片段所在的音频轨道调至显示音频波形的合适宽度，选择工具栏中的钢笔工具（快捷键为"P"），鼠标指针变成钢笔的形状。在想要添加关键帧的地方单击关键帧控制线，即可添加关键帧，如图 7-18 所示。

2. 使用选择工具和快捷键添加音频音量关键帧

将时间线上想要添加关键帧的剪辑片段所在的音频轨道调至显示音频波形的合适宽度，选择工具栏中的选择工具（快捷键为"V"）。将鼠标指针移动到想要添加关键帧的关键帧控制线上，按"Ctrl"键，鼠标指针变成带有"+"号的白色指针，单击关键帧控制线，即可添加关键帧，如图 7-19 所示。

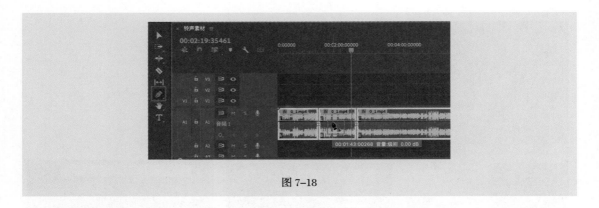

图 7-18

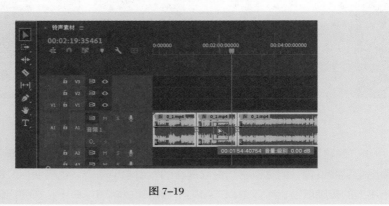

图 7-19

3. 通过轨道添加音频音量关键帧

将时间线上想要添加关键帧的剪辑片段所在的音频轨道调至显示音频波形的合适宽度，将播放头移动到想要添加关键帧的位置，单击音频剪辑所在轨道前端的"添加 / 移除关键帧"按钮，添加关键帧，如图 7-20 所示。

图 7-20

4. 通过"效果控件"面板添加音频音量关键帧

将时间线上想要添加关键帧的剪辑片段所在的音频轨道调至显示音频波形的合适宽度，将播放头移动到想要添加关键帧的位置。打开"效果控件"面板，展开"音频效果→音量"。单击"级别"属性前面的"切换动画"按钮，自动添加一个关键帧，也可以单击后面的"添加 / 移除关键帧"按钮，添加或者移除关键帧，如图 7-21 所示。

图 7-21

5. 通过音频剪辑混合器添加关键帧

使用音频剪辑混合器可以在预览音频剪辑的同时，实时地为音频剪辑添加关键帧，具体方法如下所示。

将时间线上想要添加关键帧的剪辑片段所在的音频轨道调至显示音频波形的合适宽度。打开音频剪辑混合器，单击"写关键帧"按钮，如图 7-22 所示。

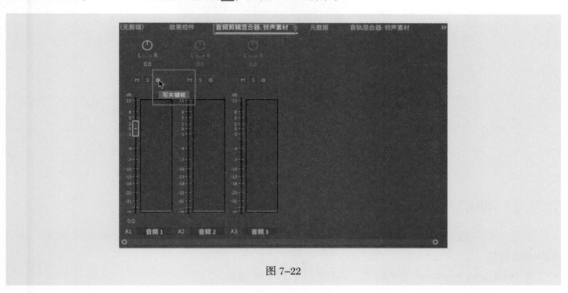

图 7-22

在时间线窗口中，按"Space"键，播放要添加关键帧的素材，软件会自动添加关键帧，如图 7-23 所示。

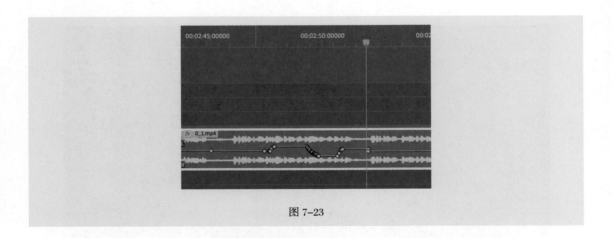

图 7-23

7.3 音频特效的应用

144

音频特效的应用非常广泛，可以消除环境噪声，可以改变音色和音阶，可以制造回声、添加混响等。Premiere Pro 内置了一系列音频特效，用户可以选择合适的效果添加到音频上，并且可以为这些效果设置关键帧。

用户可以从"效果"面板中找到"音频效果"列表，将选择的合适效果拖动到合适的音频剪辑上，如图 7-24 所示。

图 7-24

7.3.1 使用音频特效美化声音

实际项目中遇到的音频素材，有时会有各种瑕疵，此时就需要使用音频特效来消除瑕疵，美化人声或者音乐。

在 Premiere Pro 中美化声音时，常用到以下几类效果。

1. 调整低音

音频剪辑中，低音是一个很重要的部分，通过调整低音，不仅可以调整人声剪辑，使音频效果更加浑厚，还可以调整背景音乐，使整体效果更有层次感。

调整低音可以用到以下几个效果。

（1）"低音"效果

"低音"效果是最基础的调整低音的音频特效，通过提升音频剪辑的低声部，突出音频的低音效果。

为音频剪辑添加"低音"效果后，打开"效果控件"面板，调整"低音"效果中的"增加"属性，如图 7-25 所示，预览剪辑会发现低音效果明显加重。注意，过多的低音会产生杂音，影响播放效果。

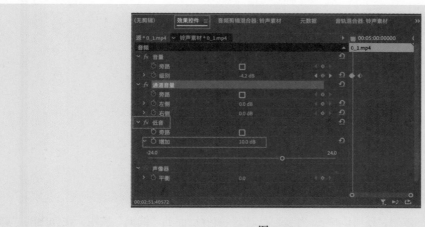

图 7-25

（2）"延迟"效果

"延迟"效果是一种音频的风格化特效，使用该效果，可以构建出具有回声的空间感，对音频效果的提升有很大帮助。

为音频剪辑添加"延迟"效果后，按"Space"键播放音频剪辑，并在"效果控件"面板中对该效果的几个属性进行调整，直到效果满意为止。

其中，"延迟"属性用来调整原剪辑与构建的回声效果之间间隔的时间，"反馈"属性用来调整往回添加到延迟（以创建多个衰减回声）的延迟信号百分比，"混合"属性用来调整控制回声的量，如图 7-26 所示。

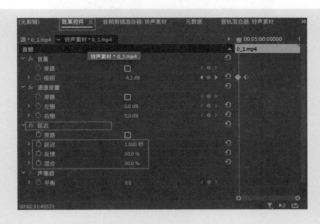

图 7-26

2. 调整音高

音高指音频音调的高低，常用于调整人声，做一些人声的变音效果，如高调、低沉、娃娃音等。现在网上流行的变声器工具的基本原理就是调整音频的音高。

调节音频剪辑的音高，需要用到"音高换档器"效果。打开"效果"面板，选择"音频效果→音高换档器"效果，将其添加到音频剪辑上，按"Space"键，播放音频剪辑。打开"效果控件"面板，调整"音频效果→音高换档器"效果的"变调比率"属性，如图 7-27 所示。

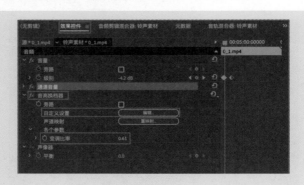

图 7-27

如果不能达到想要的效果，还可以单击"自定义设置"属性后面的"编辑"按钮，在弹出的"剪辑效果编辑器 – 音高换档器"对话框中进行自定义设置，直至效果满意为止，如图 7-28 所示。

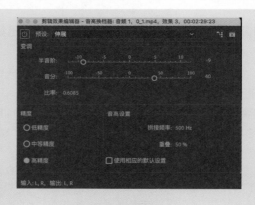

图 7-28

在"剪辑效果编辑器 – 音高换档器"对话框中，Premiere Pro 内置了几个预设效果供用户快速调用，如图 7-29 所示。

图 7-29

3. 调整高音

可以使用"高音"效果调整音频剪辑的高音部分，使音频剪辑达到高亢、嘹亮的效果。打开"效果"面板，选择"高音"效果，将其添加到需要添加的音频剪辑上。按"Space"键，播放音频剪辑。打开"效果控件"面板，调整"音频效果→高音"效果中的"增加"属性，直至调整到合适的效果，如图 7-30 所示。

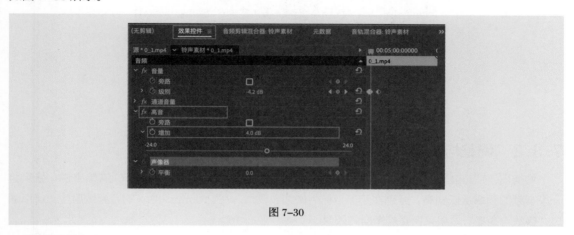

图 7-30

4. 调整混响

混响效果和"延迟"效果类似，都是营造音频剪辑的空间感，混响效果通过模拟室内音频播放的声音，为音频剪辑添加温馨感。

为音频剪辑添加混响效果，可以打开"效果"面板，选择"音频效果→室内混响"效果，将其添加到需要混响的音频剪辑上，按"Space"键，播放音频剪辑。打开"效果控件"面板，调整"音频效果→室内混响"效果的"各个参数"中各属性的数值，如图 7-31 所示。

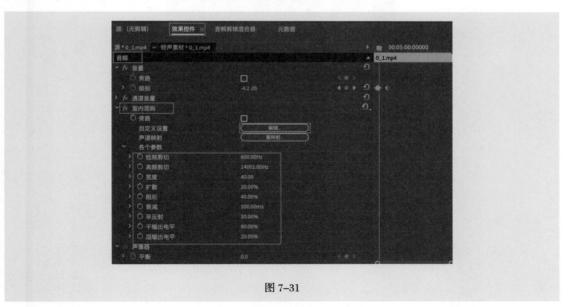

图 7-31

如果不能达到想要的效果，还可以单击"自定义设置"属性后面的"编辑"按钮，进行自定义设置，选择合适的预设，或者调整各属性，直至效果满意为止，如图 7-32 所示。

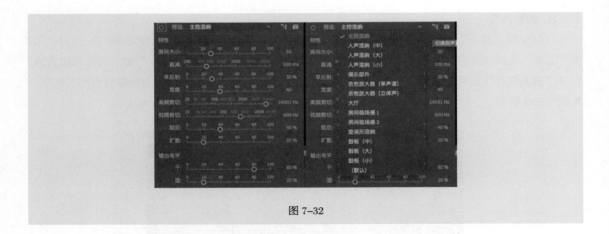

图 7-32

7.3.2 调整均衡器

均衡器（Equalizer，EQ）用来增加或减少特定中心频率附近的音频频率，简单来说，就是将一段音频的频率从低到高，分别在频谱坐标中做细致调整。在 Premiere Pro 的音频效果中，可以通过"参数均衡器"效果来调整均衡器的效果。

"参数均衡器"效果将音频频率分成 7 个频段（包括上限、下限以及中区 5 个频段）来分别调节，如图 7-33 所示，可以通过调整"各个参数"中的属性来调节。

图 7-33

也可以单击"自定义设置"属性后面的"编辑"按钮，打开"剪辑效果编辑器 – 参数均衡器"对话框，对属性做细致的调整，如图 7-34 所示。

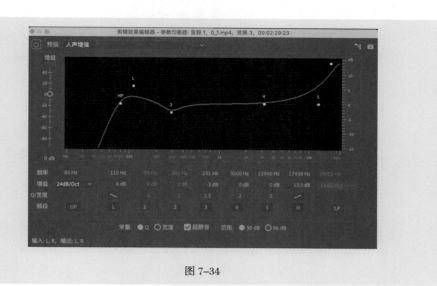

图 7-34

在"剪辑效果编辑器 - 参数均衡器"对话框中，主图是一个坐标轴，常用到以下几个属性。

预设：和音高换档器一样，参数均衡器也内置了一些预设效果，用户可以直接使用预设来快速调整均衡器效果，如图 7-35 所示。

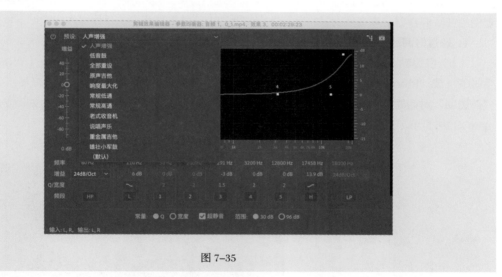

图 7-35

增益：用于给主通道添加音频增益。

频谱坐标：调整均衡器的可视化窗口，调整的各项属性数值会直观地显示在频谱坐标面板中。横轴为人耳可识别的音频频率范围，为 20 ~ 20000Hz；纵轴为音频增益量，显示范围可以通过下方的"范围"选项组来设置。用户可以直接调整中间的蓝线（频率线）来实时调整音频的均衡器效果，如图 7-36 所示。

HP 与 LP：高通滤波器与低通滤波器。用户可以通过设置这两个属性来快速添加和调整所选音频片段的高通滤波与低通滤波。

常量：可以用 Q 值或者宽度来调节，主要用来限定音频频率的输出范围，在调整某一频段的音频增益后，再调整该频段的常量，可以控制此频段影响的范围。

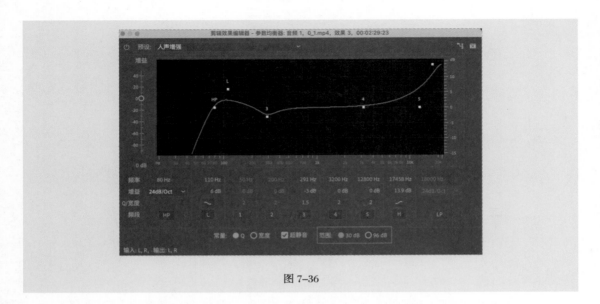

图 7-36

7.3.3 录制音频

Premiere Pro 支持用户实时录制音频到时间线上。可以通过时间线窗口中的画外音录制工具或者使用音轨混合器将声音实时录制到所选音频轨道上，并进行编辑，具体操作步骤如下。

1. 通过时间线窗口中的"画外音录制"按钮录制音频

（1）设置默认音频设备。选择菜单栏中的"编辑→首选项→音频硬件"命令（Windows 操作系统下）或"Premiere Pro →首选项→音频硬件"（macOS 下）命令，如图 7-37 所示。在打开的"首选项"对话框的"默认输入"下拉列表中选择输入设备，单击"确定"按钮，如图 7-38 所示。macOS 中还可以设置缓冲区的大小。

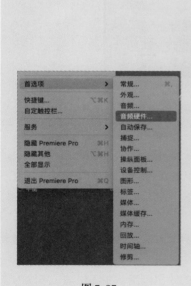

图 7-37

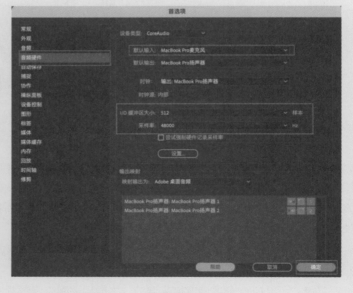

图 7-38

（2）设置音频轨道。在时间线窗口前端单击鼠标右键，在弹出的快捷菜单中选择"自定义"命令，如图 7-39 所示。为轨道添加"画外音录制"按钮 🎤，如图 7-40 所示。

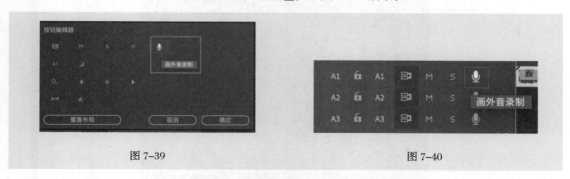

图 7-39　　　　　　　　　　　　　　　　　　　　图 7-40

（3）录制音频。在所选音频轨道上单击"画外音录制"按钮 🎤，按钮变红。待节目监视器窗口中的倒计时结束后，显示"正在录制"，开始录制需要的内容，如图 7-41 所示。

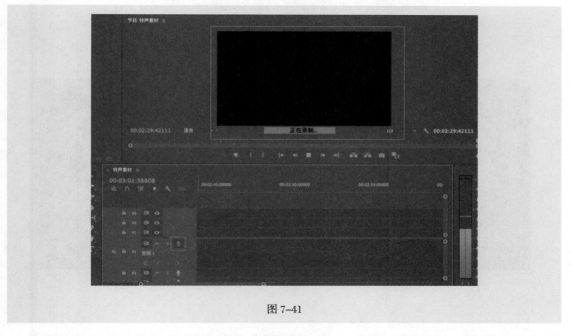

图 7-41

录制结束后，再次单击"画外音录制"按钮 🎤 或按"Space"键，结束录制，录制的内容显示在所选的音频轨道上。

2. 使用音轨混合器录制音频

（1）设置默认音频设备。

（2）设置音轨混合器。使用音轨混合器可以同时为多条音频轨道录制音频。在音轨混合器上选中想要录制的音频轨道，设置好所选音频轨道的音量，单击自动模式中的"启用轨道以进行录制"按钮 🅁，使轨道进入待录状态，如图 7-42 所示。

（3）为轨道录制音频。设置完成后，单击音轨混合器下方的"录制"按钮 ⏺（红点），使用鼠标或者按键将播放头移动到想要录制音频的位置，单击"播放/停止切换"按钮 ▶，显示"正在录制"，开始录制音频，如图 7-43 所示。

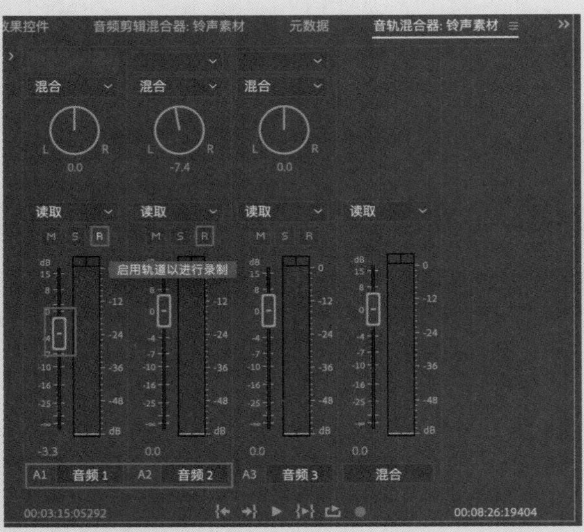

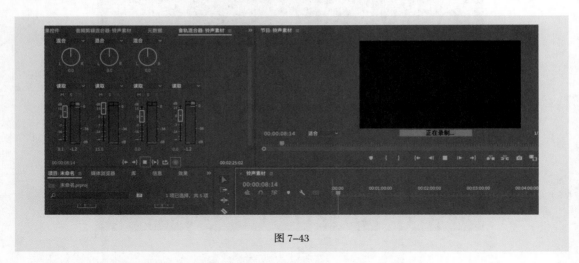

图 7-42

图 7-43

录制完成的音频会显示在所设置的一条或几条轨道上。

录制音频前，可以选择菜单栏中的"编辑→首选项→音频"命令（Windows 操作系统下）或"Premiere Pro →首选项→音频"（macOS 下）命令，在弹出的"首选项"对话框中设置时间线录制期间的静音输入，关闭其他音频轨道的声音，以保证录制的音频的质量。

7.3.4　消除噪声

在日常项目中，经常遇到背景有噪声的情况，在 Premiere Pro 中，可以通过为音频剪辑添加"自适应降噪"效果，帮助用户有效地降低音频中的噪声。具体方法如下所示。

打开"效果"面板，选择"音频效果→降杂 / 恢复→降噪"效果，拖曳效果到需要降噪的音频剪辑上，按"Space"键，播放音频剪辑。打开"效果控件"面板，调整"音频效果→降噪"效果中"各个参数"中各属性的数值，如图 7-44 所示。

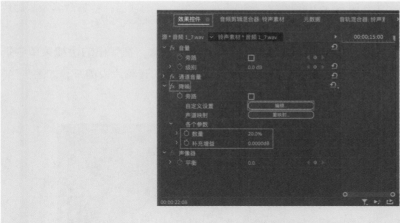

图 7-44

如果不能达到想要的效果，还可以单击"自定义设置"属性后面的"编辑"按钮，进行自定义设置，选择合适的预设效果，或者调整各属性，直到效果满意为止，如图 7-45 所示。

153

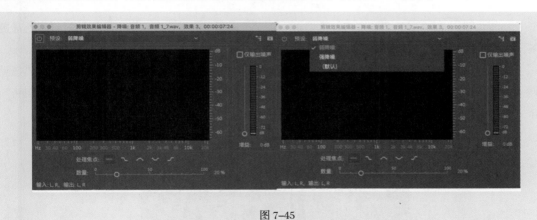

图 7-45

🎯 项目实施——音频剪辑

本项目带领大家进行音频剪辑。

任务 1　制作短片音频

任务目标： 使用所给的素材，进行"制作短片音频"任务的练习。

素材文件： 本任务所需的素材文件位于"项目 7＼任务 1　制作短片音频"文件夹中。

扫码观看视频

（1）新建一个分辨率为 1920 像素 ×1080 像素、时基为 25 帧 / 秒的项目，将其命名为"短片音频剪辑"，将所需素材导入 Premiere Pro 的项目窗口中。

（2）剪辑视频素材。选中父子通话片段中的素材并单击鼠标右键，在弹出的快捷菜单中选择"取消链接"命令，取消音频和视频的链接，并将父亲与儿子说话的音频片段剪开，如图 7-46 所示。

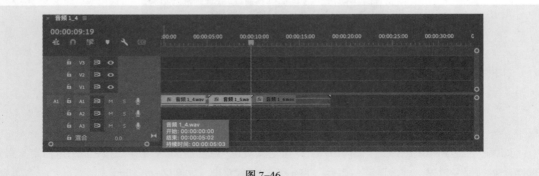

图 7-46

（3）为剪辑选取合适的背景音乐。这里是一个父子通话的温情片段，可以选择相对舒缓的背景音乐，并添加到时间线上，调整至合适时长。

（4）调整背景音乐等的效果。为儿子说话的声音添加电话效果，打开"效果"面板，将"音频效果→高通"效果添加到儿子说话的片段中。打开"效果控件"面板，调整"高通"效果的"切断"属性，直到得到满意效果为止，如图 7-47 所示。

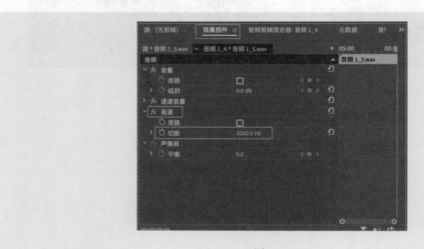

图 7-47

也可以打开"效果"面板，为音频片段添加"音频效果→多频段压缩器"效果。打开"效果控件"面板，展开该效果的属性，单击"自定义设置"属性后的"编辑"按钮，在弹出的对话框中设置"预设"为"对讲机"效果，预览效果，并关闭对话框，如图 7-48 所示。

预览发现，父亲说话的声音有些低，可以通过音频剪辑混合器调整片段的音频增益。也可以打开"效果"面板，将"音频效果→参数均衡器"效果添加到所选片段中。打开"效果控件"面板，展开"参数均衡器"效果的属性，单击"自定义设置"属性后的"编辑"按钮，在弹出的对话框中设置"预设"为"人声增强"效果，预览效果，并关闭对话框，如图 7-49 所示。

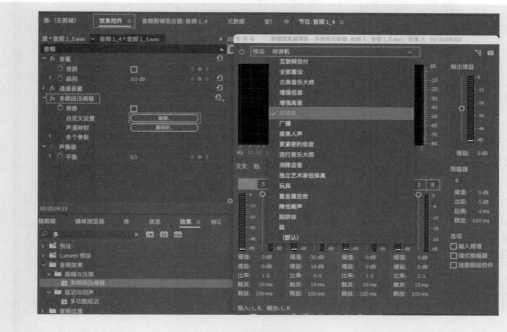

图 7-48

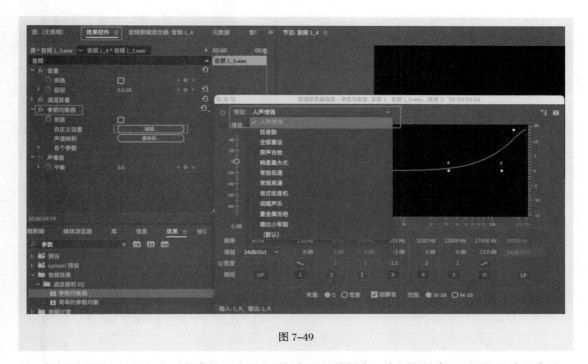

图 7-49

根据片段需要，添加合适的音效。这里可以添加电话按键音、电话等待音、电话挂断音等音效，也可以适当添加一些环境音，如图 7-50 所示。

图 7-50

设置完成后，预览剪辑，调整剪辑片段中各部分音频的音量，直到声音流畅、均衡。

任务 2　制作手机铃声

任务目标：学习手机铃声的制作，通过音频效果的添加与设置，了解音频音效的运用。
素材文件：本任务所需的素材文件位于"项目 7\ 任务 2　制作手机铃声"文件夹中。

扫码观看视频

（1）新建一个项目，将其命名为"手机铃声"，新建一个分辨率为 1920 像素 ×1080 像素、时基为 25 帧 / 秒的项目并导入"铃声素材 .mp3"音频素材；然后将音频素材添加至源监视器窗口中，截取 0 分 18 秒 20 帧到结尾的音频片段，并将截取的音频片段插入"音频 1"轨道中，如图 7-51 所示。

（2）打开"效果"面板中的"音频过渡"效果文件夹，找到"交叉淡化"文件夹中的"恒定增益"效果并将其添加至"音频 1"轨道中素材片段的入点位置，如图 7-52 所示。

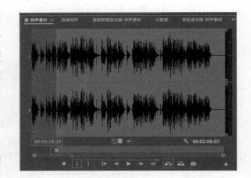

图 7-51

图 7-52

（3）在"效果控件"面板中的"恒定增益"选项组中，将"持续时间"设为 3 秒；保存项目文件并导出格式为 MP3 的序列文件，如图 7-53 所示。

图 7-53

项目小结

通过本项目的学习，读者需要了解并掌握以下几点。

（1）编辑音频的基本方法和音频轨道的知识。

（2）调整音频音量和音频增益的方法。

（3）应用音频过渡和音频特效。

（4）能够更好地对视频中的音频进行编辑和处理，创作出更丰富的音频效果等。

项目扩展——根据音乐将音频缩短

素材文件： 本任务所需的素材文件位于"项目 7\ 项目扩展"文件夹中。学习本项目后，请读者处理项目中的声音文件。具体步骤如下。

（1）导入素材。新建一个项目，将其命名为"缩短音频"，如图 7-54所示。

扫码观看视频

图 7-54

（2）新建一个分辨率为 1920 像素 ×1080 像素、帧速率为 25 帧 / 秒的序列，将素材导入项目窗口中，如图 7-55 所示。

图 7-55

（3）添加音乐。将音乐素材导入项目窗口中，并将其添加到时间线上，如图 7-56 所示。

图 7-56

（4）找到重复的音乐部分进行删减，如图 7-57 所示。

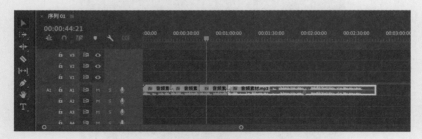

图 7-57

（5）完成剪辑并预览，若不满意可进行修改。

了解影视字幕——
设计字幕

电影或电视作品中的片名、演职员表、唱词、对白、解说词、人物简介、地名标识等都称为字幕。添加字幕可以帮助观众理解节目内容，并且，由于很多字词同音，只有通过文字和音频结合来观看，才能更加清楚节目内容。

那么，如何添加字幕？有几种添加字幕的方式？

本项目学习在 Premiere Pro 中添加字幕、格式化字幕、添加动态字幕的方法和技巧。

知识目标

● 了解字幕窗口的布局。
● 了解各种字幕风格。
● 掌握字幕的设计方法。

技能目标

● 掌握创建静态字幕和动态字幕的方法。
● 掌握创建形状字幕的方法。
● 掌握制作动态字幕的相关技能。

素质目标

● 了解动态字幕的专业知识。
● 培养良好的影视字幕编辑制作能力。

扫码观看思维导图

扫码观看视频

相关知识

8.1　创建字幕

在 Premiere Pro 中，有单独的字幕窗口。在这个窗口里，可制作出各种类型的字幕，可以是普通的文本字幕，也可以是简单的图形字幕。

8.1.1　添加文字

1. 通过旧版标题添加文字

选择菜单栏中的"文件→新建→旧版标题"命令，弹出"新建字幕"对话框。

在这里，可以对创建的字幕的宽度、高度、时基、像素长宽比以及名称进行设置，如图 8-1 所示。

设置完成后，单击"确定"按钮，打开字幕窗口。字幕窗口主要分为 6 个区域，如图 8-2 所示。

编辑区：字幕的制作在编辑区完成。

工具面板：里面有制作字幕、图形的 20 种工具。

图 8-1

图 8-2

　　样式面板：其中有系统设置好的多种文字风格，也可以将自己设置好的文字风格存入风格库中。

　　属性面板：里面有针对字幕、图形设置的"属性""填充""描边""阴影"等选项组。其中，在"属性"选项组中，用户可以设置字幕文字的字体、大小、字间距等；在"填充"选项组中，可以设置文字的颜色、透明度、光效等；在"描边"选项组中，可以设置文字内描边、外描边；在"阴影"选项组中，可以设置文字阴影的颜色、不透明度、角度、距离和大小等。

　　动作面板：可以对文字的位置进行分布、对齐等设置。

　　其他工具栏：包含设置字幕运动或其他设置的工具按钮。

　　选择工具面板中的文字工具，在编辑区中需要添加字幕的位置处单击，出现矩形文字框和光标。在这里，用户可以直接输入需要添加的字幕，按回车键，完成字幕的创建；然后调整字幕的位置，如图 8-3 所示。

2. 通过快捷键添加字幕

　　按"Ctrl+T"组合键，时间线窗口中显示新建的文本图层，如图 8-4 所示。单击监视器窗口中的矩形文字框编辑内容，如图 8-5 所示。选择新建的文本图层，打开"效果控件"面板，用户可以设置文字属性，如图 8-6 所示。

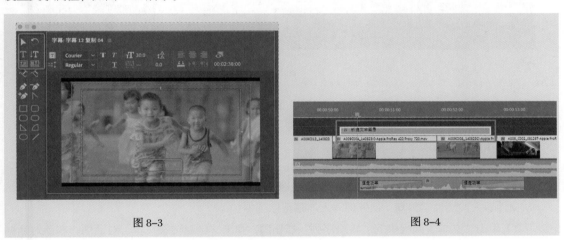

图 8-3　　　　　　　　　　　　　　　　　　　　　图 8-4

图 8-5　　　　　　　　　　　　　　　　　　　　　图 8-6

3. 通过工作区布局添加字幕

通过工作区布局添加字幕的方法如下。

（1）单击编辑工作区中的"字幕"，Premiere Pro 出现新的布局，如图 8-7 所示。

图 8-7

在控制面板组中，产生新的面板——"文本"面板，在该面板中可对文字进行添加、创建等设置，如图 8-8 所示。

图中各按钮的作用如下。

转录序列：将序列音频轨道转成文字。

创建新字幕轨CC：在序列中添加新的文字轨道。

从文件导入说明性字幕：从外部导入字幕至序列中。

（2）单击"文本"面板中的"转录序列"按钮，弹出"创建转录文本"对话框，在此对话框中可以对创建的转录文本进行设置，如图 8-9 所示。

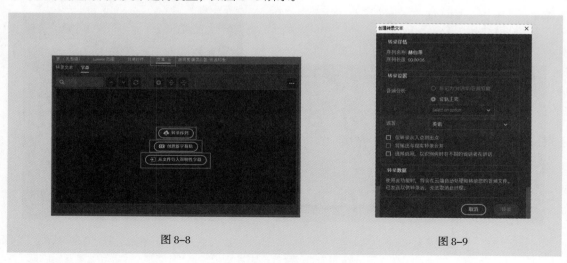

图 8-8　　　　　　　　　　　　　　　　　图 8-9

图中各选项的含义如下。

音频分析：选择标记为对话的音频剪辑进行转录，或从特定音频轨道中选择音频并转录。

语言：选择视频中的语言。

仅转录从入点到出点：如果已标记入点和出点，则可指定 Premiere Pro 转录该范围内的音频。

将输出与现有转录合并：在特定入点和出点之间进行转录时，可以将自动转录插入现有的转录中。勾选此复选框可在现有转录和新转录之间建立连续性。

（3）单击"文本"面板中的"创建新字幕轨"按钮 **CC**，弹出"新字幕轨道"对话框，如图 8-10 所示，单击"确定"按钮，序列中会产生新的字幕轨道，如图 8-11 所示。

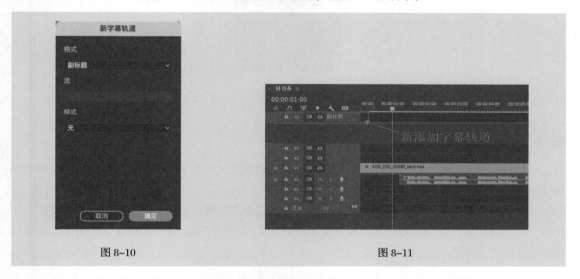

图 8-10　　　　　　　　　　　　　　　　　图 8-11

（4）在"文本"面板中单击"添加"按钮 添加字幕分段，可以进行文字的添加，如图 8-12 所示。在"文本"面板中添加字幕分段的同时在时间线窗口中增加了副标题的字幕轨道，如图 8-13 所示。

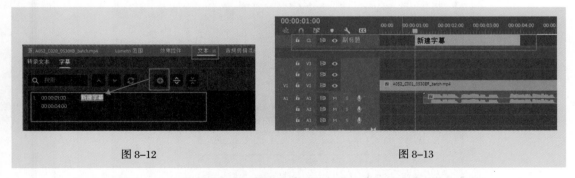

图 8-12　　　　　　　　　　　　　　　　　图 8-13

（5）单击时间线窗口中的"新建字幕"按钮，弹出"基本图形"面板，在"编辑"选项组中，可以设置字幕文字的字体、大小、字间距等；在"外观"选项组中，可以设置文字的颜色、文字描边、阴影、阴影的颜色、透明度、角度、距离和大小等，如图 8-14 所示。

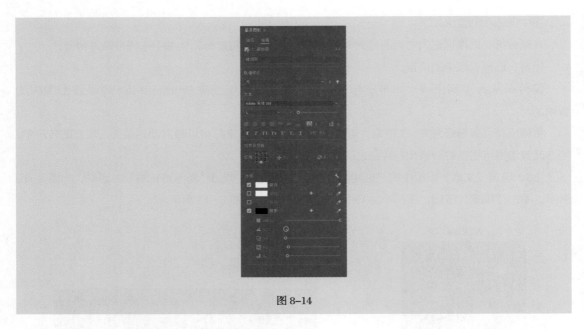

图 8-14

8.1.2 添加段落文字

添加段落文字是指为影片添加一段或者多段带有段落属性的文字，包含缩进、行距、段间距等属性。下面介绍添加段落文字的方法。

选择工具面板中的区域文字工具█，在编辑区需要添加字幕的位置处单击，出现矩形文字框和光标。在这里，用户可以直接输入需要添加的段落文字，按回车键，完成段落文字的创建，调整段落文字的位置，如图 8-15 所示。

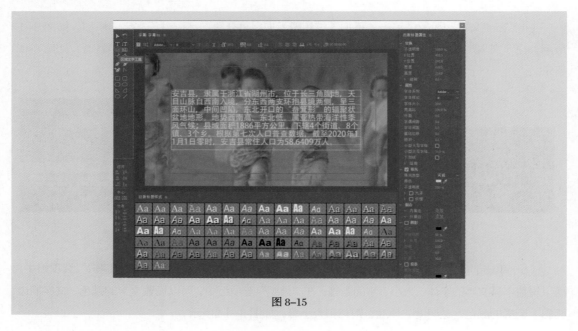

图 8-15

8.2 　设计字幕风格

设计字幕风格指的是通过更改字幕的字体、大小、外观等属性，使字幕跟影片风格相契合，或者增加影片的趣味性。本节将介绍设计字幕风格的方法。

8.2.1 　更改字幕外观

对字幕外观的设置，主要在"字幕属性"面板中进行。可以通过调整以下选项组中的选项进行具体设置，如图 8-16 所示。

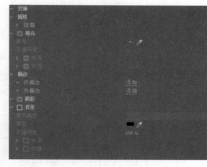

（1）"变换"选项组。在这里可以通过调整"不透明度"选项，调整字幕的不透明度；通过调整"X 位置"和"Y 位置"选项，调整字幕的左右和上下的位置；通过调整"宽度"和"高度"选项，调整字幕的宽度和高度；通过调整"旋转"选项，改变字幕的旋转角度，如图 8-17 所示。

图 8-16

（2）"属性"选项组。在这里，用户可以通过调整"字体系列"和"字体样式"选项来设置字幕的字体和样式，通过调整"字体大小"选项来调整字体的大小，通过调整"宽高比"选项来等比例调整文字的宽窄，通过调整"行距"选项来调整字体的行间距，通过调整"字偶间距"选项来调整文字到光标后的间距，通过调整"字符间距"选项来调整字符之间的距离，通过调整"基线位移"选项来调整文字在文本框中的上下位置，通过调整"倾斜"选项来调整文字的倾斜角度，通过勾选"小型大写字母"复选框和调整"小型大写字母大小"选项来快速更改选定的英文字母为大写形式及设置其大小，通过勾选"下划线"复选框来为选定的文字添加下划线，通过调整"扭曲"选项的 X、Y 数值来调整文字的扭曲程度，如图 8-18 所示。

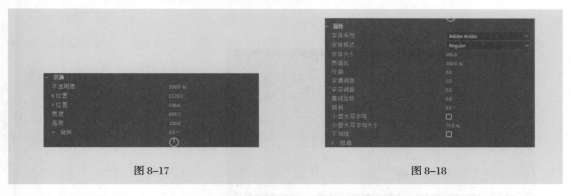

图 8-17　　　　　　　　　　　　　　　　　　图 8-18

在数值上移动鼠标指针，可以改变"字体大小""行距""字符间距""基线位移""倾斜"等选项的参数。勾选"小型大写字母"复选框或"下划线"复选框，可对字母进行大写或下划线的设置。展开"扭曲"选项，还可以对文字 x 轴、y 轴的扭曲变形参数进行设置。

（3）"填充"选项组。调整填充是对文字的颜色或不透明度进行设置。选中并展开"填充"选项组，可对文字的"填充类型""颜色""不透明度"等选项进行设置。勾选"光泽"复选框或"纹理"复选框，可为文字添加光晕、金属光泽或填充纹理图案等，如图 8-19 所示。

（4）"描边"选项组。"描边"选项组用来对文字内部或外部进行描边。展开"描边"选项组，可分别对文字添加"内部描边"和"外部描边"，并对描边的"类型""大小""填充类型""颜色""不透明度""光泽""纹理"等选项进行设置，如图 8-20 所示。

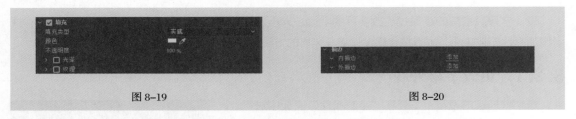

图 8-19   图 8-20

（5）"阴影"选项组。勾选"阴影"复选框，可对文字阴影的"颜色""不透明度""角度""距离""大小""扩展"等选项进行设置，如图 8-21 所示。

（6）"背景"选项组。勾选"背景"复选框，可为文字添加背景。在此选项组中可以选择背景的填充类型，对填充背景的"颜色""不透明度""光泽""纹理"等选项进行设置，如图 8-22 所示。

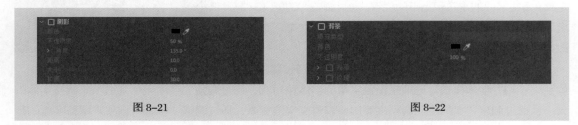

图 8-21   图 8-22

8.2.2 保存自定义样式

字幕窗口内置了一些字幕样式，用户可以直接调用，也可以将调整好的字幕保存为自定义样式，以便以后直接调用。编辑好字幕效果后，单击样式面板左上角的扩展按钮 ，在弹出的菜单中选择"新建样式"命令，如图 8-23 所示。在弹出的对话框中设定新建样式的名称，单击"确定"按钮，如图 8-24 所示，完成创建，新建的自定义样式出现在样式面板中。

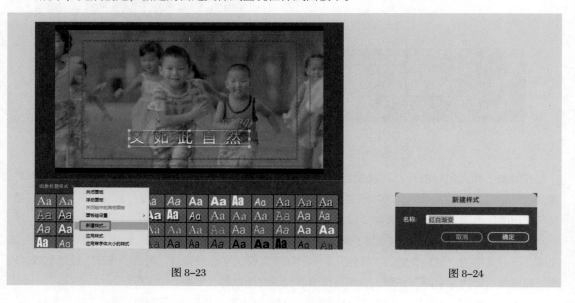

图 8-23   图 8-24

今后若想使用这种样式，只需选中文字对象，并在样式面板中选择该自定义样式即可。若要删除该样式，可在样式面板选择该样式后单击鼠标右键，在弹出的快捷菜单中选择"删除样式"命令。

8.2.3　导入用 Photoshop 制作的字幕或图形

作为 Adobe 家族的一员，Premiere Pro 支持导入使用 Photoshop 制作的字幕或图形，用户可以先在 Photoshop 中制作想要的字幕或图形并保存。在字幕窗口的编辑区单击鼠标右键，在弹出的快捷菜单中选择"图形→插入图形"命令，如图 8-25 所示。弹出"导入"对话框，找到并选中所保存的 Photoshop 文件（扩展名为 .psd），单击"打开"按钮，即可导入用 Photoshop 制作的字幕或图形，如图 8-26 所示。

图 8-25　　　　　　　　　　　　　　　图 8-26

对字幕的设置完成后，关闭字幕窗口，系统会自动对字幕进行保存，并将其作为一个素材添加到项目窗口中。

当需要对已制作好的字幕进行修改时，只需双击该字幕素材，即可重新打开该字幕的字幕窗口，对字幕进行修改。修改后，关闭字幕窗口，系统会自动将修改后的字幕保存。

将保存后的字幕文件（素材）从项目窗口中拖曳到时间线窗口的视频轨道上，即可为节目添加字幕。

若需要将字幕叠加到视频画面中，可以将该字幕文件拖曳到对应的视频素材上方的轨道中。将播放头移动到字幕文件（素材）的起始位置，单击节目监视器窗口中的"播放"按钮▶，便可观看效果。

系统默认的字幕播放时间长度为 3 秒，用户可以在轨道上拖曳字幕文件（素材）的左右边缘，通过改变其长度来调整播放时间长度。此外，还可以通过拖曳字幕文件（素材）来修改字幕播放的起始和结束时间，如图 8-27 所示。

图 8-27

8.3 添加形状

在 Premiere Pro 中, 用户可以在字幕窗口中直接为视频添加形状, 并进行自定义调整。本节将带大家利用字幕窗口为影片添加形状。

8.3.1 创建形状

新建一个字幕, 在字幕窗口的工具面板中找到要创建形状的区域。在这里, 用户可以选择钢笔工具, 在编辑区直接绘制想要的形状, 如图 8-28 所示; 也可以单击想要创建的图形, 按住鼠标左键, 在编辑区移动鼠标指针, 绘制出大小合适的形状。

绘制完成后, 可以在右侧的 "旧版标题属性" 面板中设置图形的不透明度、位置、填充类型等属性。

图 8-28

8.3.2 在文本中添加图形

Premiere Pro 支持将图形插入文本中。用户可以在编辑区创建好文字字幕后, 将鼠标指针移动到想要添加图形的位置, 单击鼠标右键, 在弹出的快捷菜单中选择 "图形→将图形插入到文本中" 命令, 如图 8-29 所示。从而在文本中添加图形, 如图 8-30 所示。

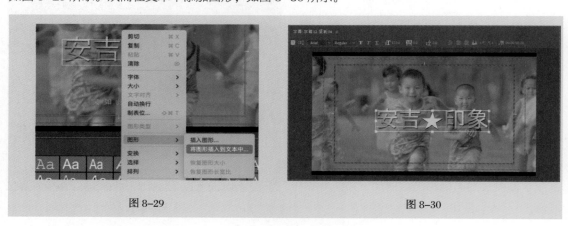

图 8-29

图 8-30

8.3.3 对齐形状

如果用户在字幕窗口中创建了多个形状，可以利用动作面板中的相应按钮，对形状进行对齐、分布等操作。选择选择工具，按住"Shift"键逐个单击需要对齐的文字和形状，如图 8-31 所示。单击动作面板中需要的对齐和分布按钮，对齐形状，如图 8-32 所示。

用户也可以选中形状，在编辑区中单击鼠标右键，在弹出的快捷菜单中选择"排列"命令，调整图层的叠加顺序。

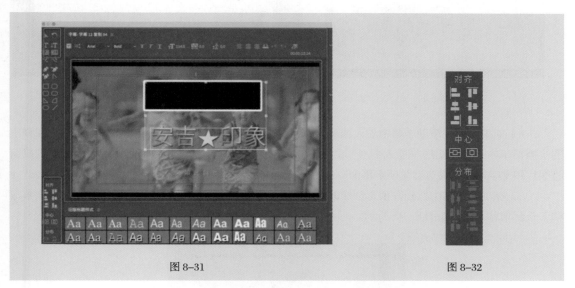

图 8-31   图 8-32

🎯 项目实施——创建动态字幕与影视片尾滚动字幕

本项目带领大家进行创建动态字幕与影视片尾滚动字幕的练习。

任务 1 创建动态字幕

任务目标： 掌握动态字幕的制作。

素材文件： 本任务所需的素材文件位于"项目 8\ 任务 1 创建动态字幕"文件夹中。

扫码观看视频

在 Premiere Pro 中，除了静态字幕，用户还可以通过字幕窗口创建动态字幕。动态字幕有两种形式，包括上下方向的滚动字幕和左右方向的游动字幕。

1. 创建滚动字幕

（1）选择菜单栏中的"字幕→新建字幕→默认滚动字幕"命令，在"新建字幕"对话框中设置好字幕后，单击"确定"按钮。打开字幕窗口，单击"滚动 / 游动选项"按钮，如图 8-33 所示；

弹出"滚动/游动选项"对话框，设置"字幕类型"为"滚动"，如图 8-34 所示，勾选"开始于屏幕外"复选框和"结束于屏幕外"复选框，单击"确定"按钮。

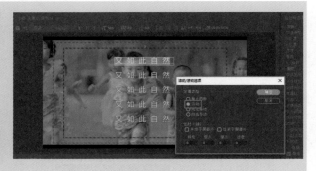

图 8-33
图 8-34

（2）如果想要在滚动字幕中加入图形素材，可以在字幕窗口中的任意处单击鼠标右键，在弹出的快捷菜单中选择"图形→插入图形"命令，将图形素材插入字幕窗口中，通过动作面板中的按钮将图片和文字对齐，满意后关闭字幕窗口。

（3）在项目窗口中找到并预览创建的滚动字幕，将其拖曳到时间线上的合适位置，调整字幕滚动时长至满意为止，如图 8-35 所示。

图 8-35

2. 创建游动字幕

（1）选择菜单栏中的"文件→新建→旧版标题"命令，如图 8-36 所示；在弹出的"新建字幕"对话框中设置好字幕名称后，单击"确定"按钮。打开字幕窗口，单击"滚动/游动选项"按钮，弹出"滚动/游动选项"对话框，根据需要将"字幕类型"设为"向左游动"或"向右游动"，勾选"开始于屏幕外"复选框和"结束于屏幕外"复选框，单击"确定"按钮，如图 8-37 所示；将想要做游动效果的文字复制到字幕窗口中，设置好字体、大小、行距和字幕的整体版式等。

170

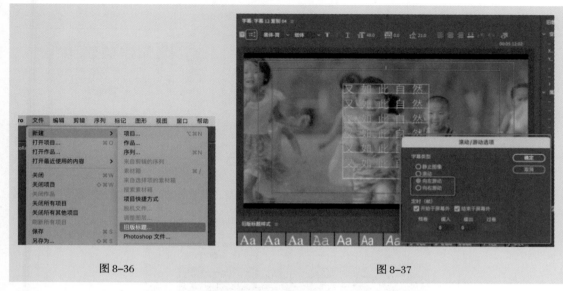

图 8-36　　　　　　　　　　　　　　　　　图 8-37

（2）与创建滚动字幕一样，创建游动字幕时，也可以加入图形素材。将图形素材插入字幕窗口中，通过动作面板中的按钮将图片和文字对齐，满意后关闭字幕窗口。

（3）在项目窗口中找到并预览创建的游动字幕，将其拖曳到时间线上的合适位置，调整游动字幕时长至满意为止。

任务 2　创建影视片尾滚动字幕

任务目标：根据所给的素材进行影视片尾滚动字幕的制作。

素材文件：本任务所需的素材文件位于"项目 8\ 任务 2　创建影视片尾滚动字幕"文件夹中。

扫码观看视频

1. 新建项目，并添加时间线

（1）新建项目并将其命名为"项目 8 课堂案例"，将文件夹中的视频素材导入项目窗口中，新建一个分辨率为 1920 像素 ×1080 像素的序列，将其命名为"片尾滚动字幕"。

（2）添加素材至时间线。根据音乐的节奏和镜头的切换，为视频添加"缩放"效果和"位置"效果的关键帧：将播放头拖曳到合适的位置，分别打开两个效果的关键帧开关，系统自动添加起始关键帧。播放素材至合适位置，调整两个效果的属性，将素材调整至合适的位置和大小，如图 8-38所示。

2. 制作滚动字幕

（1）选择菜单栏中的"文件→新建→旧版标题"命令，弹出"新建字幕"对话框，设置字幕名称为"职员表"，单击"确定"按钮。打开字幕窗口，单击"滚动 / 游动选项"按钮，在弹出的"滚动 / 游动选项"对话框中设置"字幕类型"为"滚动"，勾选"开始于屏幕外"复选框和"结束于屏幕外"复选框，并确保打开右上角的"显示背景视频"图标，如图 8-39 所示。

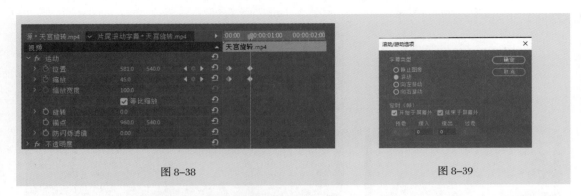

图 8-38   图 8-39

（2）将片尾滚动字幕的文字内容复制到字幕窗口的右边，设置好字体、大小、行距和字幕的整体版式等，并拖曳滑动条浏览效果，如图 8-40 所示。

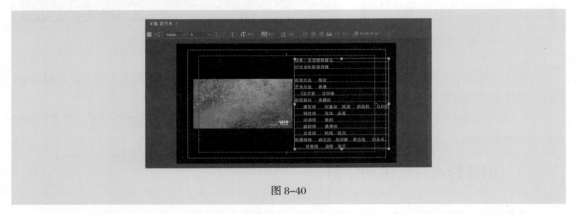

图 8-40

（3）在项目窗口中找到并预览创建的滚动字幕，将其拖曳到时间线上素材的添加结束关键帧处，调整字幕滚动时长至满意位置，如图 8-41 所示。

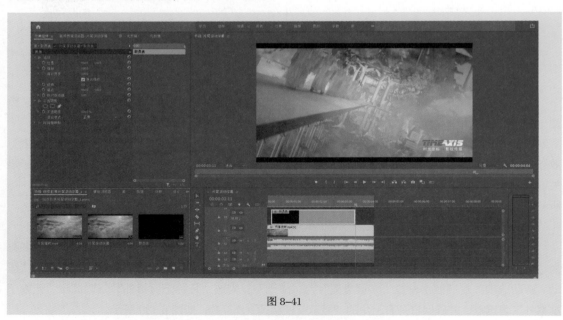

图 8-41

（4）调整素材画面大小后，可以使用关键帧制作一个恢复原大小的动画。选中时间线上的视频素材，打开"效果控件"面板，选中前面制作的结束时的"位置"和"缩放"关键帧，单击鼠标右键，在弹出的快捷菜单中选择"复制"命令，复制关键帧。将播放头拖曳到想要恢复原大小的开始位置，单击鼠标右键，在弹出的快捷菜单中选择"粘贴"命令，粘贴关键帧；将播放头移动到想要恢复原大小的开始位置，向后播放，在想要恢复原大小的位置调整"缩放"和"位置"效果的属性，恢复素材画面到原大小，如图 8-42 所示。

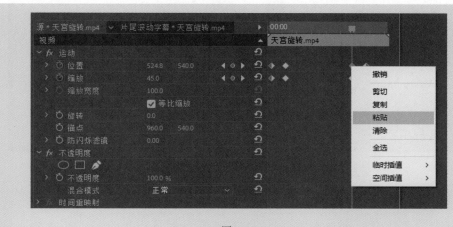

图 8-42

（5）预览最终效果，分别在视频素材的开头和结尾处单击鼠标右键，在弹出的快捷菜单中选择"应用默认过渡"命令，为视频素材添加渐入和渐出效果，播放预览，调整细节。

项目小结

通过本项目的学习，读者需要了解并掌握以下几点。
（1）字幕文字的几种添加方式。
（2）静态字幕和动态字幕的制作方法。
（3）利用旧版标题制作图形和添加图形的方法。

项目扩展——制作卡拉 OK（唱词）字幕

素材文件：本任务所需的素材文件位于"项目 8\ 项目扩展"文件夹中。
用所给的视频素材添加片头字幕，设计唱词，制作卡拉 OK（唱词）字幕效果，最后输出为 MP4 文件。具体步骤如下。
（1）新建一个项目，将其命名为"卡拉 OK 唱词字幕"，如图 8-43 所示。

扫码观看视频

（2）新建一个分辨率为 1920 像素 ×1080 像素、帧速率为 25 帧 / 秒的序列，将素材导入项目窗口中，如图 8-44 所示。

图 8-43   图 8-44

（3）将卡拉 OK 片段添加到时间线上，如图 8-45 所示。

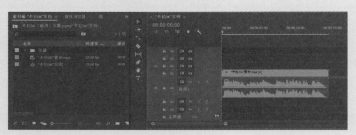

图 8-45

（4）根据歌词内容添加对应的歌词字幕，如图 8-46 所示。

（5）复制字幕修改文字颜色，如图 8-47 所示。

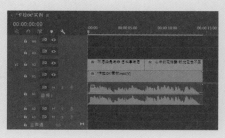

图 8-46   图 8-47

（6）对修改了颜色的字幕根据歌曲速度进行裁剪效果的制作，如图 8-48 所示。

图 8-48

（7）完成剪辑后，预览效果是否满意，若不满意可进行修改，如图 8-49 所示。

图 8-49

09

了解作品的导出——
导出视频

情景引入

　　导出作品是数字视频编辑的最后一个环节。在导出环节，用户可以设置导出的格式和存储的位置，可以选择导出视频的范围，还可以选择导出音乐、图像序列、动态视频或单帧文件。

　　那么，Premiere Pro 能输出哪些格式？是如何输出音视频的？

　　通过本项目的学习，可以掌握渲染输出的方法和技巧，以及 Premiere Pro 能够输出的文件格式。

学习目标

知识目标

- 了解常见的视频格式。
- 掌握导出视频的相关方法。
- 掌握导出单帧图片的方法。
- 掌握导出图像序列的方法。

扫码观看思维导图

技能目标

- 掌握导出不同格式文件的方法。
- 掌握导入和导出序列的方法。

扫码观看视频

素质目标

- 通过导出作品，培养细致的工作态度。

相关知识

9.1　常见的视频格式

　　视频文件的格式是由视频编码格式和视频封装格式（视频格式）两部分组成的。视频编码格式就像是瓶子里的酒，而视频封装格式就像是瓶子。酒的原料和酿造方式决定了酒的味道，同样，视频编码格式决定了视频的质量和播放媒介；而视频封装格式会将完成编码的视频和音频结合在一起，使其成为一条能够被播放的多媒体视频。

　　常见的视频编码格式和视频封装格式有以下几种。

　　（1）Apple Pro Res 系列编码：由苹果公司开发的视频编码格式，MOV 封装。其特点是体积小、质量高，能够充分利用多核处理性能，具有多码流实时编辑性能。目前，Pro Res 有 6 个版本，分别为 Pro Res Proxy、Pro Res 422 LT、Pro Res 422、Pro Res 422 HQ、Pro Res 4444 及 Pro Res 4444 XQ，不同的版本可以应用在不同的使用场景中。

　　（2）Avid DNxHD 与 Avid DNxHR 系列编码：Avid 公司推出的一种视频编码格式，MXF 或 MOV 封装。其主要特点是，可以利用较少的存储空间与带宽来满足多次合成的需要。进行格式转换时，能有效避免分辨率损失。目前，常用的是 DNxHR，它比 DNxHD 支持更大范围的分辨率（支持 4K）。常用的有 5 个版本，分别为 DNxHR LB、DNxHR SQ、DNxHR HQ、DNxHR HQX 及 DNxHR 444。

　　（3）H.264 编码：由国际电信联盟制定的视频编码格式，同一家族的编码方式还有 H.261、H.263、H.263+、H.265（HEVC）。H.264 最大的特点是其具有更高的数据压缩比，即在同等的图像质量条件下，经过 H.264 编码后的视频文件的文件量会更小，在网络传输过程中所需要的带宽更少，也更加经济。H.264 编码可以通过 MP4、MOV 等多种方式封装。

　　（4）MPEG 视频编码：国际标准化组织与国际电工委员会推出的多媒体编码标准。其主要版本包括 MPEG-1、MPEG-2 和 MPEG-4。MPEG-1 曾被广泛地用于 VCD（Video Compact Disk）的制作，绝大多数的 VCD 采用 MPEG-1 格式压缩。MPEG-2 特别适用于广播级的数字电视的编码和传送，被认定为标清电视和高清电视的编码标准。MPEG-4 提供了低码率、高质量的视频压缩、编码方案，在家庭摄影、手机拍摄、网络实时影像播放中大有用武之地，推动了网络视频的进一步发展。MPEG 编码常用的封装格式有 MPG、MPEG、MP4、TS。

　　（5）DVCPRO HD 编码：松下公司开发的一种专业级数字广播摄录格式，封装格式为 MXF。其一般用于松下专业摄像机与项目之间的交换，可满足现场演播室以及更多广播级和专业级应用的需要。

　　（6）AVI 编码：微软公司推出的一种多媒体封装格式，它几乎可以封装所有的视频编码方式。这种视频格式的优点是可以跨多个平台使用；缺点是体积过于庞大，而且压缩标准不统一，对于常见的非线性编辑软件兼容性较差。

9.2 输出影片

扫码观看视频

输出影片是最常用的输出方式，将编辑完成的项目文件以视频格式输出，可以输出编辑内容的全部或者某一部分，也可以只输出视频内容或者只输出音频内容。一般是将全部的视频和音频内容一起输出。

下面以 H.264 格式为例介绍输出影片的方法，其具体操作步骤如下。

（1）选择菜单栏中的"文件→导出→媒体"命令，弹出"导出设置"对话框。

（2）在"格式"下拉列表中选择"H.264"选项。

（3）在"预设"下拉列表中选择"匹配源 – 高比特率"选项，如图 9-1 所示。

图 9-1

（4）在"输出名称"文本框中输入文件名并设置文件的保存路径，勾选"导出视频"复选框和"导出音频"复选框。

（5）设置完成后，单击"导出"按钮，开始渲染输出视频。渲染完成后，即可生成所设置的 H.264 编码影片。如果想同时导出多段剪辑序列，可以在设置完成后，单击"队列"按钮，系统会自动打开 Adobe Media Encoder 窗口（需要提前安装 Adobe Media Encoder），待所有序列添加完成，单击右上角的"开始队列"按钮▶渲染输出视频，渲染完成后，可以生成多个文件，如图 9-2 所示。

使用 Adobe Media Encoder 除了可以用于导出 Premiere Pro 发送的剪辑序列，还可以用来进行视频转码、转换 Premiere Pro 的代理文件、压缩视频等工作。

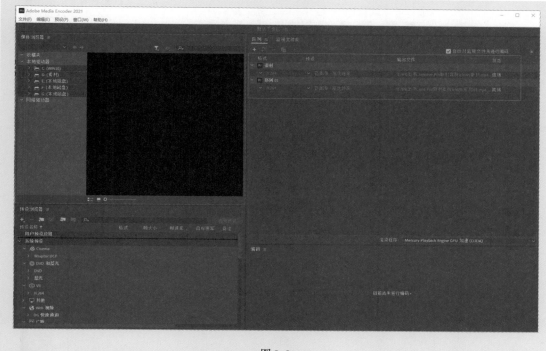

图 9-2

9.3 导出单帧

在 Premiere Pro 中，可以将视频输出为静止图片，也就是说将视频画面的某一帧输出为一张静止图片。导出单帧的方法有以下两种。

（1）通过菜单栏中的"导出"命令导出单帧文件。具体操作步骤如下。

①在时间线窗口中，将播放头拖曳到想要输出的帧上。

②选择菜单栏中的"文件→导出→媒体"命令，如图 9-3 所示。弹出"导出设置"对话框，在"格式"下拉列表中选择想要的图片格式，这里选择"PNG"格式；在"预设"下拉列表中选择是否带有通道选项；在"输出名称"文本框中输入文件名并设置文件的保存路径，勾选"导出视频"复选框；在"视频"选项卡中决定是否勾选"导出为序列"复选框（如果只导出一张图片，不勾选此复选框；如果要导出图片序列，则需要在导出之前设定输出范围，然后勾选此复选框），其他参数保持默认设置，如图 9-4 所示。

③设置完成后，单击"导出"按钮，即可生成播放头所在帧的静止图片。

（2）利用节目监视器窗口中的"导出帧"按钮 📷 导出单帧文件。具体操作步骤如下。

①在时间线窗口中，将播放头拖曳到想要输出的帧上。

②单击节目监视器窗口中的"导出帧"按钮 📷，如图 9-5 所示。

③在弹出的"导出帧"对话框中设置想要导出的静止图片的名称、格式，单击"浏览"按钮，设置图片的导出位置（如果想要将导出的静止图片直接导入项目中，则可以勾选"导入到项目中"复选框），单击"确定"按钮，导出单帧文件，如图 9-6 所示。

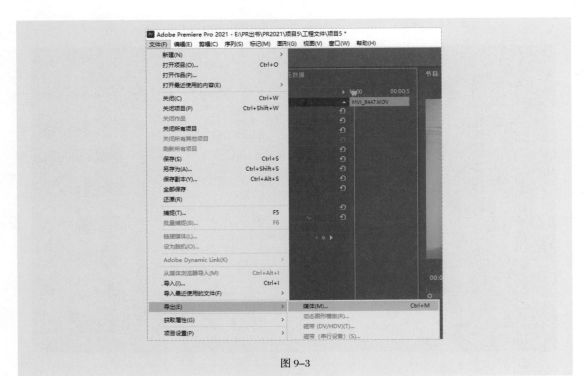

图 9-3

图 9-4

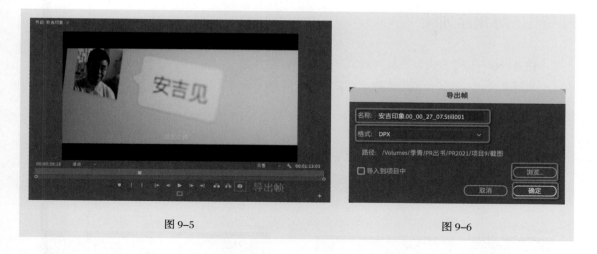

图 9-5　　　　　　　　　　　　　　　　　　　　　图 9-6

9.4　导出序列

Premiere Pro 允许用户通过交换文件将经过编辑的序列导出，并在其他计算机、非线性编辑平台或者调色软件中进行编辑，具体方法如下。

（1）在项目窗口中选中想要导出的序列文件。

（2）选择菜单栏中的"文件→导出→Final Cut Pro XML"命令，在弹出的对话框中，设置导出文件的名称和存储位置，单击"保存"按钮，如图 9-7 所示。

如果想要导入该序列文件，可以选择菜单栏中的"文件→导入"命令，弹出"导入"对话框，选中要导入的序列文件，单击"打开"按钮（或双击该文件），将序列文件导入新的项目中，如图 9-8 所示。

图 9-7　　　　　　　　　　　　　　　　　　　　　图 9-8

🎯 项目实施——以"安吉"素材为例导出序列帧并输出成片

下面以"安吉"素材为例进行导出序列帧并输出成片的练习。

任务 1　导出序列帧

任务目标： 以"安吉"素材为例学习视频的导出方式。
素材文件： 本任务所需的素材文件位于"项目 9\ 任务 1　导出序列帧"
文件夹中。

扫码观看视频

（1）新建一个项目将其命名为"导出序列帧"，如图 9-9 所示。
（2）新建一个分辨率为 1920 像素 ×1080 像素、帧速率为 25 帧 / 秒的序列，如图 9-10 所示。

图 9-9

图 9-10

（3）根据所提供的"安吉"素材进行有逻辑的剪辑，如图 9-11 所示。
（4）添加音乐和字幕，如图 9-12 所示。

图 9-11

图 9-12

182

（5）完成剪辑后，预览效果是否满意，若不满意可进行修改，如图 9-13 所示。

图 9-13

任务 2　输出成片

任务目标： 以"安吉"素材为例学习视频的导出，输出成片。

素材文件： 本任务所需的素材文件位于"项目 9\ 任务 2　输出成片"文件夹中。

扫码观看视频

（1）在时间线上设好入点和出点，如图 9-14 所示。

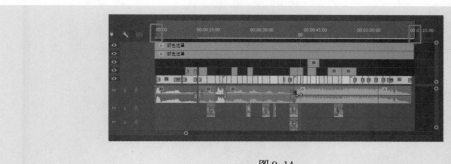

图 9-14

（2）按"Ctrl+M"组合键，弹出"导出设置"对话框，如图 9-15 所示。

（3）在"导出设置"选项组中，选择想要的图片格式，本任务选择"JPEG"格式；将"预设"设为"JPEG 序列（匹配源）"，入点和出点之间的剪辑片段将以图片序列的方式输出，分辨率和帧速率与剪辑设置相同，如图 9-16 所示。

（4）设置"输出名称"为"风景序列帧.jpg"，如图 9-17 所示。

（5）勾选"导出为序列"复选框，单击"导出"按钮，如图 9-18 所示。

图 9-15

图 9-16

图 9-17

图 9-18

（6）输出后，文件以"设定的文件名 + 有序排列的数字编号"的形式按顺序排列，如图 9-19 所示。

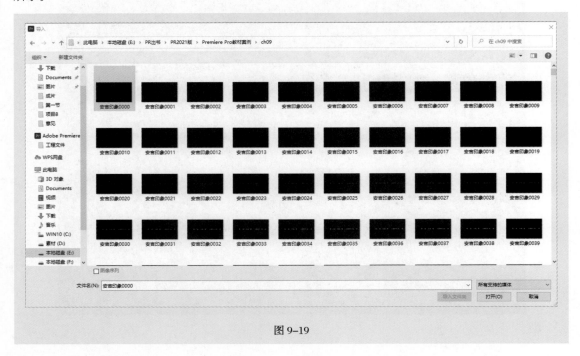

图 9-19

项目小结

通过本项目的学习，读者需要了解并掌握以下几点。

（1）如何输出音频格式文件。

（2）如何输出图像格式文件。

（3）输出参数的设置，以及渲染输出各种格式文件的方法。

项目扩展——视频导出对比练习

素材文件： 本任务所需的素材文件位于"项目 9\ 项目扩展"文件夹中。使用所给的素材剪辑短视频并导出不同格式的成片文件。具体步骤如下。

（1）新建一个分辨率为 1920 像素 ×1080 像素、帧速率为 25 帧 / 秒的序列，如图 9-20 所示。

（2）输出的视频编码格式和视频封装格式可以选择 AVI、MOV、MP4、TGA 等 4 种不同的格式，输出后对比其文件大小和播放效果，如图 9-21 所示。

扫码观看视频

图 9-20

图 9-21

注意

　　输出比特率统一设置为 10Mbit/s，如果选择的预设不能修改比特率，则保持默认设置。

10

综合实战——
制作宣传片

情景引入

　　宣传片是企业对外宣传的重要载体，是展示企业形象的重要手段。微视频是新媒体技术迅速发展的产物，也是当下热门的传播形式。

　　那么，企业宣传片与其他视频有什么区别？剪辑形式有什么不同？

　　本项目进行实际工作项目的训练，带领读者掌握宣传片和微视频的策划、分镜头设计、剪辑制作、特效制作和影片输出的全流程。

学习目标

知识目标

● 掌握实际工作中数字媒体剪辑的工作流程。

● 掌握宣传片和微视频的创作流程。

技能目标

● 掌握策划视频、设计分镜头、剪辑视频和输出视频的技能。

● 掌握宣传片和微视频的创作。

素质目标

● 具备宣传片和微电影的创作、制作等方面的专业知识。

● 具备良好的视频制作能力。

扫码观看思维导图

扫码观看视频

项目实施——宣传片的制作

项目目标：通过对综合实战中宣传片的创作，掌握视频素材文件到可观看的成片的制作过程。

素材文件：视频素材保存在"项目 10\ 项目实施"文件夹中。

参考样片：为"项目 10 →创作宣传片→样片→安吉宣传片 _ 样片 .mp4"。

宣传片是企业对外宣传的重要载体，是展示企业形象的重要手段，目的是凸显企业独特的风格面貌、彰显企业实力，让社会不同层面的人对企业产生正面、良好的印象，从而提升对该企业的好感度和信任度，并信赖该企业的产品或服务。

宣传片主要用于促销现场、项目洽谈、会展、活动、竞标、招商、产品发布会、会议等场合。本项目将通过一个具体案例，带领大家熟悉剪辑宣传片的具体方法和步骤。

任务 1　了解项目效果

扫码观看视频

宣传片需要尽可能地展现客户的整体形象，如果是公司或企业宣传片，则要展示公司的整体实力、产品特点、专利技术、团队风采、社会担当和未来发展等方面；如果是城市或者景区宣传片，则要重点突出地理优势、自然风光、人文特色、物产丰富等特点。

除了前期的策划和拍摄，后期剪辑也尤为重要，好的剪辑能够通过镜头语言和特有的风格将要传递的信息完美地传递给广大受众。

在剪辑之前，要先了解客户需求及导演想要呈现的效果。本项目是制作旅游宣传片，客户是浙江安吉县，旨在向一位初到安吉的客人介绍安吉的文化和特产。

任务 2　创建项目

扫码观看视频

1. 新建项目

启动 Premiere Pro，进入"开始"界面，单击"新建项目"按钮，如图 10-1 所示。弹出"新建项目"对话框，选择文件的保存路径，在"名称"文本框中输入文件名称"安吉印象"，单击"确定"按钮，完成项目的创建，如图 10-2 所示。

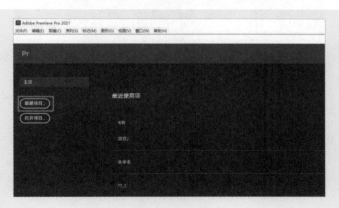

图 10-1

图 10-2

2. 新建序列

选择菜单栏中的"文件→新建→序列"命令，弹出"新建序列"对话框，选择"设置"选项卡，对"设置"选项卡的设置分为 3 部分，包括视频设置、音频设置和视频预览设置，如图 10-3 所示。

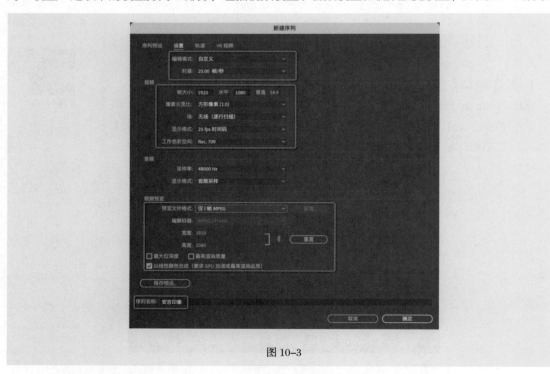

图 10-3

将"编辑模式"设置为"自定义"，"时基"设置为 25 帧 / 秒，如图 10-4 所示。

图 10-4

进行视频设置，分辨率设为 1920 像素 ×1080 像素，"像素长宽比"设为"方形像素"，"场"设为"无场（逐行扫描）"，"显示格式"设为"25fps 时间码"，如图 10-5 所示。

图 10-5

音频与视频预览部分无须设置，保持默认设置即可。

选择"轨道"选项卡，设置主声道为"立体声"，音频轨道为 3 条，"轨道类型"均为"标准"，如图 10-6 所示。单击"确定"按钮，完成序列的创建。

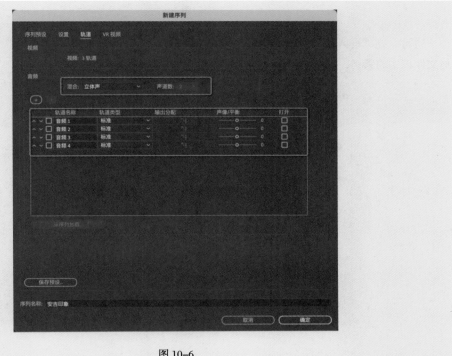

图 10-6

任务 3 剪辑素材

扫码观看视频

完成项目的创建后，进入剪辑阶段。剪辑阶段一般分为初剪和精剪。剪辑师需要根据脚本内容梳理素材，将素材按照一定逻辑归类，以便于剪辑时查找。素材归类后，导入素材，开始初剪。

具体操作步骤如下。

选择菜单栏中的"文件→导入"命令，弹出"导入"对话框。在"导入"对话框中，选中想要导入的一个或多个文件，单击"打开"按钮，导入所选的素材，如图 10-7 所示。

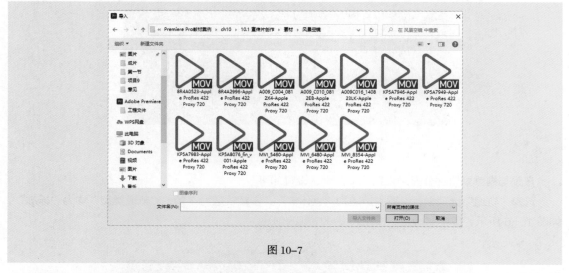

图 10-7

也可以在"导入"对话框中，选中素材所在的文件夹，单击"导入文件夹"按钮，导入整个素材文件夹中的素材，如图 10-8 所示。

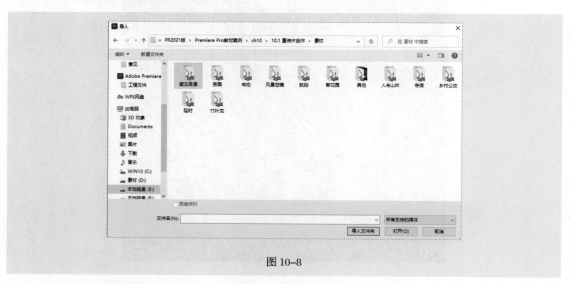

图 10-8

如果导入的文件夹中含有可识别素材的子文件夹，那么，导入 Premiere Pro 中后，文件将按照原目录的顺序排列，如图 10-9 所示。

也可以将可识别的素材和文件夹拖曳到 Premiere Pro 的项目窗口中，素材和文件夹的排列方式同上。

进入初剪阶段，在项目窗口中，根据脚本内容选择合适的镜头片段并添加到时间线上。如果有配音或者配乐，则先将配音和配乐添加到时间线上，再根据配音的内容和时长，或者配乐的节奏，确定选取的镜头片段的时长。

可以利用三点剪辑或者四点剪辑的方法，或者选取合适的蒙太奇手法，将选取的素材排列到时间线上，如图 10-10 所示。如果缺少素材，则可以进行补拍，或者搜集、购买影视素材。

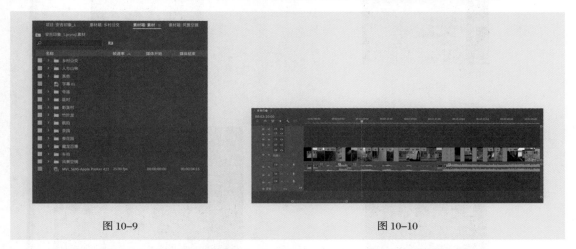

图 10-9　　　　　　　　　　　　　　图 10-10

将素材添加到时间线上后，进入精剪阶段。在这个阶段中，要对素材进行细化调整，包括添加特效、添加转场、设置字幕、处理音频等，从而使影片达到流畅、完整的效果。

任务 4　设置特效、转场、音频、字幕

扫码观看视频

1. 添加特效

在 Premiere Pro 中，宣传片中常用的特效有画面的放大和缩小、画面位置的变化、素材的加速和减速、镜头的防抖和畸变校正、画面调色等。

首先，根据序列的设定，使用"效果控件"面板中的"缩放"属性将所有剪辑调整为统一的画幅，如果需要裁切，则可以结合"位置"属性将需要突出的主体移动到画面的合适位置。

调整好画幅后，可以使用"效果"面板中"视频效果"中的特效对画面进行色彩校正，使整个宣传片色彩统一。前期拍摄时，若画面曝光过度或者过暗，则可以通过后期调色来进行调整；同时，与导演或者摄像沟通，了解宣传片想要的色彩风格，在调色时进行风格化创作。

接下来，根据剧情要求，添加合适的加速或者减速效果。选中想要添加加速或者减速效果的剪辑片段并单击鼠标右键，在弹出的快捷菜单中选择"速度／持续时间"命令，如图 10-11 所示。弹出"剪辑速度／持续时间"对话框。调整"速度"选项的数值（数值低于 100% 表示减速，高于100% 表示加速），如果想要倒放剪辑片段，则可以勾选"倒放速度"复选框，倒放剪辑片段。单击"确定"按钮，完成剪辑片段的速度调节，如图 10-12 所示。

如果剪辑片段有抖动的情况，则可以为片段添加一个稳定效果。打开"效果"面板，选择"视

频效果→扭曲→变形稳定器"效果，如图10-13所示。将其拖曳到剪辑片段中。为剪辑片段添加"变形稳定器"效果后，软件会自动分析剪辑画面中是否存在抖动，并自动调整。如果自动分析的效果达不到预期，则可以打开"效果控件"面板，调整"变形稳定器"效果的属性，直至满意为止，如图10-14所示。

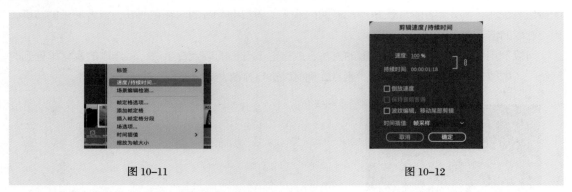

图 10-11　　　　　　　　　　　　　　　　图 10-12

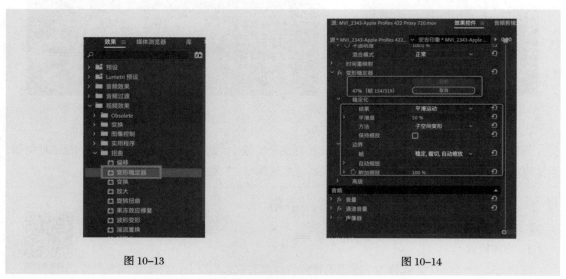

图 10-13　　　　　　　　　　　　　　　　图 10-14

2. 添加转场

　　添加转场，可以增加宣传片的节奏感。在精剪阶段，可以根据宣传片的整体节奏，为剪辑片段添加"交叉溶解""渐隐为黑色""渐隐为白色"等转场效果，添加转场效果后，可以根据不同的需要调节转场的长度（帧数），如图10-15所示。

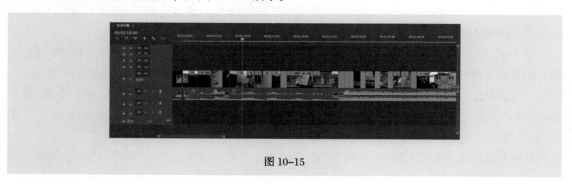

图 10-15

3. 设置字幕

在宣传片中，通常可以通过字幕配合解说来直观地介绍企业或者产品的相关信息，也可以使用字幕来介绍背景、渲染氛围，如图 10-16 所示。常用的字幕类型有解说字幕、人名或地名字幕、说明介绍字幕等。

图 10-16

在添加字幕时，需要注意字幕的字体、颜色、位置和字间距，可以给字幕加上适当的效果，如描边和阴影；也可以打开"效果"面板，通过添加"视频效果"中的效果为字幕制作运动效果，如放大、扩散等。

4. 处理音频

在宣传片中，音频的作用非常关键，好的音频不仅能够烘托宣传片的气氛，还能够增添宣传片的节奏感。在宣传片中，常用的音频类型有背景音乐、人声配音、环境音、效果音等。

背景音乐：宣传片的基底音乐。在不同类型的宣传片中，或同一个宣传片不同的章节中，可以选择不同的背景音乐。

人声配音：通常起到说明和介绍作用，可以通过剪辑对应不同的剪辑画面。

环境音：起到烘托气氛的作用，可以是早晨的鸟叫声、喧闹的人声、空山流水声、风拂过树叶的声音等。

效果音：可以通过增加一些科技感、节奏感较强的效果音，增加宣传片的质感。

通过剪辑和混音，可以将各种类型的音频素材结合起来，以契合宣传片的内容。可以通过音量指示器控制背景音乐的音量；通过调整均衡器来控制整体的声调和频率；通过"自适应降噪"效果来处理环境音和人声配音；还可以通过"混响"效果来营造一些空间效果。还可以为音频添加音频过渡以衔接不同的章节和音频片段，使音频之间的过渡更加自然。

在本案例中，除了背景音乐外，还用到了各种环境音，包括流水音频采样、鸟叫音频采样、汽车行驶音频采样、孩子欢笑的音频采样等，将这些音频采样拖曳到时间线上，通过调整音量和混响，与背景音乐混合在一起，如图 10-17 所示。

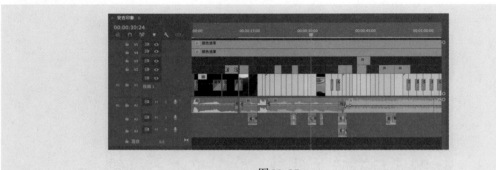

图 10-17

任务5　渲染导出

扫码观看视频

视频经过所有的调节后，进入导出阶段。根据宣传片用途的不同，导出阶段的设置也有所不同，要根据实际用途选择合适的视频编码格式进行输出。如果宣传片用于网络传播，那么输出比特率就不需要太大；如果用于电视媒体播放，就要根据要求输出正确的制式、分辨率和格式；如果用于 LED 屏播放，就要根据不同的屏幕规格，导出合适尺寸和分辨率的文件。总之，要在了解客户需求和目的的前提下渲染和导出文件。

本案例主要用于互联网传播，所以设置视频编码格式为"H.264"，"预设"设为"匹配源－高比特率"，如图 10-18 所示。设置预设后，可以直接输出，也可以在"比特率设置"选项组中，调整"目标比特率"的数值，得到合适的文件大小。

图 10-18

![项目小结]

通过本项目的学习，读者需要了解并掌握以下几点。

（1）用 Premiere Pro 剪辑宣传片和微视频的方法。

（2）从策划、文案脚本分析、视频剪辑到输出成片的工作流程，以及剪辑逻辑等。

项目扩展——微视频的策划与制作

素材文件： 视频素材保存在"项目 10\ 项目扩展"文件夹中。

微视频的主题要贴近生活，拍摄可以使用手机或数码相机等设备；成片要求时长在 25 秒左右，输出文件适合网络传播。具体步骤如下。

扫码观看视频

（1）导入素材。新建一个项目，将其命名为"吹牛"，如图 10-19 所示。

（2）新建一个分辨率为 1920 像素 ×1080 像素、帧速率为 25 帧 / 秒的序列，将素材导入项目窗口中，如图 10-20 所示。

图 10-19

图 10-20

（3）选择合适的素材片段并将其添加到时间线上，如图 10-21 所示。

（4）添加音乐。将音乐素材导入项目窗口中，并添加到时间线上，为剪辑片段添加背景音乐，如图 10-22 所示。

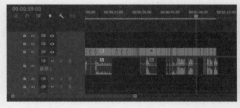

图 10-21

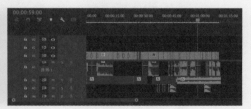

图 10-22

（5）完成剪辑后，预览效果是否满意，若不满意可进行修改，如图 10-23 所示。

图 10-23